Taste of food

食在味道
一份主食

张天阔◎主编

吉林科学技术出版社

图书在版编目（CIP）数据

一份主食 / 张天阔主编. -- 长春：吉林
科学技术出版社，2017.5
（食在味道）
ISBN 978-7-5578-1954-5

Ⅰ. ①一… Ⅱ. ①张… Ⅲ. ①主食－食谱 Ⅳ.
①TS972.13

中国版本图书馆CIP数据核字(2017)第067780号

SHI ZAI WEIDAO   YI FEN ZHUSHI

食在味道 一份主食

主　　编　张天阔
出 版 人　李 梁
策划责任编辑　朱 萌
执行责任编辑　李永百
封面设计　张 虎
制　　版　长春创意广告图文制作有限责任公司
开　　本　710mm×1000mm　1/16
字　　数　200千字
印　　张　12.5
印　　数　7 000册
版　　次　2017年5月第1版
印　　次　2017年5月第1次印刷
出　　版　吉林科学技术出版社
发　　行　吉林科学技术出版社
地　　址　长春市人民大街4646号
邮　　编　130021
发行部电话/传真　0431-85652585　85635177　85651759
　　　　　　　　　85651628　85635176
储运部电话　0431-86059116
编辑部电话　0431-85659498
网　　址　www.jlstp.net
印　　刷　吉广控股有限公司
书　　号　ISBN 978-7-5578-1954-5
定　　价　39.80元

本书使用说明

精美菜肴图片　　所需食材　菜肴名称　步骤详解

步骤分解图

如何鉴别油温

油锅	温油锅	热油锅	旺油锅	旺热油锅
热度	三四成热	五六成热	七八成热	九十成热
温度	85~130℃	140~180℃	190~240℃	250℃以上
油面	油面平静	油面波动	油面平静	油面平静
油烟和声响	无烟和声响	有青烟	有青烟，手勺搅动时有声响	油烟密而急，有灼人的热气
原料入锅现象	原料入锅后有少量气泡伴有沙沙声	原料入锅后气泡较多伴有哗哗声	原料入锅后有大量气泡并伴有噼啪的爆炸声	原料入锅后大泡翻腾伴爆炸声

1小匙 ≈ 2克　　1大匙 ≈ 10克

Contents 目录

米饭

第一章

米粥

第二章

面条

第三章

包子、饺子

第四章

馒头、花卷

第五章

面饼、糕团

第六章

 西式糕点

第七章

不同的烹饪方法，一道道风格迥异、
美妙绝伦的花样米饭不仅令你胃口大开，
更能均衡营养、有益健康。

第一章

米饭

香菇滑鸡盖饭

 使用食材

大米75克
鸡腿肉400克
鲜香菇100克
净油菜适量
葱丝、姜丝各15克
精盐、味精、胡椒粉、白糖、各少许
蚝油、酱油各2小匙
料酒1大匙
植物油2大匙

烹饪步骤

1. 鸡腿肉去掉杂质，用清水洗净，改刀切成块，放在容器内。加入料酒、酱油、蚝油、精盐、胡椒粉、白糖、味精、葱丝、姜丝拌匀。鲜香菇用清水浸泡并洗净，捞出沥净水分，去蒂，改刀切花形。

2. 净锅置火上，加入植物油烧至六成热，下入香菇煸炒出香味；再倒入拌好的鸡块，用大火煸炒3分钟，出锅装入盘中。

3. 锅中留底油烧热，放入葱丝、姜丝，加入料酒、白糖、酱油及适量清水煮沸成汁，倒出；将泡好的大米放入砂煲内，加入少许植物油及适量清水煮成米饭。

4. 再放入上述炒好的鸡块，用小火焖5分钟，放上净油菜，烹入炒好的味汁，即可出锅。

叉烧什锦炒饭

使用食材

大米饭150克
瘦猪肉100克
鸡蛋1个
叉烧肉、水发木
耳、蟹柳、芥蓝
各适量
葱末、精盐、味精
各少许
料酒、酱油各1小匙
白糖1小匙
植物油2大匙

烹饪步骤

1. 将猪肉洗净、切成丝，加入植物油、料酒、酱油、白糖煸炒至熟；鸡蛋摊成蛋皮后切丝；叉烧肉、木耳、蟹柳切丝；芥蓝切片，焯水备用。

2. 锅中加底油烧热，先下入肉丝、蛋丝、叉烧肉、木耳、蟹柳、芥蓝、葱末炒香，再加入大米饭、精盐、味精炒匀，即可出锅。

TIPS

叉烧肉肉质软嫩多汁、色泽鲜明、香味四溢，以肥、瘦肉均衡为上佳，称之为"半肥瘦"。

蛋羹泡饭

🥒 使用食材

大米饭200克
虾仁50克
鸡蛋2个
净紫菜、鸡蛋清、
豌豆、净油菜、葱
末、精盐、淀粉、
酱油各少许
香菜段10克
料酒2小匙

🍲 烹饪步骤

1. 虾仁去掉虾线，用清水洗净，轻轻压去水分，虾仁从中间分成两半，加上少许鸡蛋清、淀粉和精盐等拌匀；净紫菜切成细丝。

2. 鸡蛋磕在碗内，加入适量清水（约4小杯）、精盐和料酒搅匀成鸡蛋液。

3. 把大米饭放入容器内，倒入调好的鸡蛋液，放入蒸锅内，用大火蒸约8分钟至鸡蛋液成鸡蛋羹；再把备好的虾仁放入鸡蛋羹内，撒上净油菜、豌豆。

4. 再用大火蒸约2分钟至鸡蛋羹熟嫩，取出，放入葱末、香菜段、紫菜丝，即可。

豆豉虾球炒饭

🍆 **使用食材**

大米饭200克
虾仁100克
火腿丁50克
鸡蛋1个
青椒粒、红椒粒
各15克
青豆、姜末各适量
豆豉1/2大匙
精盐1/3小匙
味精、胡椒粉各少许
植物油2大匙

🍲 **烹饪步骤**

1. 将虾仁挑除虾线，用清水洗净；鸡蛋打入碗中，搅成鸡蛋液。

2. 锅中加底油烧热，先放入鸡蛋液炒至定浆，再放入虾仁、豆豉、姜末、火腿丁煸炒片刻。

3. 然后加入大米饭、青椒粒、红椒粒、青豆、精盐、味精、胡椒粉拌炒均匀即可。

TIPS

豆豉含有多种维生素和矿物质，尤其富含维生素E，蛋白质含量也很高。豆豉自古就有入药的历史，中医认为，豆豉具有解表清热、透疹解毒的功效，可以治疗风热头痛、胸闷烦呕。

番茄虾仁炒饭

 使用食材

大米饭200克
虾仁50克
洋葱末25克
番茄、青豆
各适量
鸡蛋1个
精盐、白糖
各1/2小匙
胡椒粉少许
番茄酱、植物
油各2大匙

烹饪步骤

1. 番茄去蒂、洗净，切成小丁；鸡蛋磕入碗中搅匀成蛋液；青豆洗净，放入沸水锅中焯烫一下，捞出过凉、沥水。

2. 虾仁去虾线，洗净，沥去水分，加入少许精盐调拌均匀。锅中加入清水烧沸，放入虾仁烫至熟透，捞出沥水。

3. 锅中加入植物油烧至八成热，倒入鸡蛋液快速炒散，盛出。

4. 锅中加入底油烧热，下入番茄酱、洋葱末炒至色泽鲜红，加入精盐、白糖、胡椒粉略炒，再放入大米饭翻炒均匀，放入虾仁、鸡蛋、番茄丁和青豆炒拌均匀即可。

粉蒸排骨饭

使用食材

大米250克
猪排骨200克
荷叶1张
香菜段少许
葱花、白糖、味精各少许
胡椒粉、料酒各少许
酱油1大匙
香油1小匙

烹饪步骤

1. 大米淘洗干净，放入清水中浸泡15分钟，捞出沥干水分。锅上火烧热，放入大米用微火炒至米粒膨胀、熟透，盛出。

2. 荷叶洗净，入沸水锅中烫软，取出用冷水冲净，沥净水分。

3. 猪排骨洗净、剁块，放入清水浸泡，洗去血污，捞出沥水；放入容器中，倒入炒好的大米和少许香油调拌均匀；加入酱油、白糖、料酒、味精、胡椒粉拌匀，腌渍30分钟。

4. 取蒸笼一个，放入荷叶垫底，再放上腌好的排骨和大米；放入蒸锅中，用大火蒸约40分钟至排骨熟烂、大米酥香；取出蒸笼，趁热撒上葱花、香菜段，淋入少许香油即可。

海南鸡饭

使用食材

鸡腿250克
大米100克
胡萝卜30克
葱段、姜片各少许
精盐、味精、白糖各适量
胡椒粉、植物油各适量
酱油、料酒、蚝油各1大匙
高汤250克

烹饪步骤

1. 胡萝卜去根、外皮，洗净，切成2厘米大小的丁后放入沸水锅中焯烫，捞出过凉，沥去水分；大米淘洗干净，放入清水内浸泡30分钟，捞出沥水。

2. 鸡腿剔去骨头，洗净，鸡皮朝下放在案板上，切成块，加入少许精盐、料酒、酱油拌匀，腌渍入味。

3. 大米放入小盆内，加入适量清水，入锅用大火蒸熟，盛出；锅中加油烧至七成热，下入鸡腿块炸至金黄色，捞出。

4. 锅留底油烧热，下入葱段、姜片炒出香味，放入鸡腿块；加入高汤、酱油、料酒、蚝油、精盐、味精、白糖烧沸；转小火煨熟，放入胡萝卜丁、大米饭炒匀，撒入胡椒粉即可。

竹筒鲜虾蒸饭

🍆 **使用食材**

大米75克
鲜大虾2只
香葱10克
精盐、味精各
1/2小匙
胡椒粉适量
料酒1大匙
高汤3大匙

🍲 **烹饪步骤**

1. 大米淘洗干净；香葱择洗干净，切成葱花；精盐、味精、料酒、胡椒粉、高汤放入碗中调匀成味汁。

2. 鲜虾洗净，沥干，剪去虾枪，从背部剖一刀，挑除虾线，放入碗中，加入少许精盐、料酒拌匀，腌渍10分钟。

3. 取1个竹筒洗净，放入沸水锅内烫一下，捞出擦净水分，装入大米，加入适量清水（没过米面1厘米），盖严竹筒盖。

4. 蒸锅置火上烧沸，放入竹筒，用大火蒸约45分钟取出。

5. 揭开竹筒盖，摆上鲜虾，均匀地浇上调好的味汁，盖上盖。

6. 再放入蒸锅中蒸15分钟，取出撒上香葱花即可。

火腿青菜炒饭

 使用食材

大米饭200克
三明治火腿30克
玉米粒15克
青豆、油菜各适量
鸡蛋1个
精盐1/3小匙
味精、胡椒粉各少许
植物油2大匙

烹饪步骤

1. 鸡蛋磕入碗中搅拌均匀，加少许精盐调匀；大米饭放入容器内，加入少许植物油拌匀；三明治火腿先切成小条，再切成玉米粒大小的丁；油菜择洗干净，沥去水分，切成小段；玉米粒、青豆洗净。锅中加水烧沸，放油菜、玉米粒、青豆焯烫一下，捞出，沥水。

2. 锅中加入植物油烧至八成热，倒入鸡蛋液炒至定浆。

3. 放入大米饭翻炒至散，撒上三明治火腿丁，用大火炒匀。

4. 再放入玉米粒、青豆、油菜段，转中小火翻炒均匀。

5. 加入精盐、味精、胡椒粉炒匀，即可出锅装碗。

家常石锅拌饭

 使用食材

大米150克

鸡蛋1个

肉松、山野菜、豆芽、菠菜、辣白菜、鲜汤各适量

大葱、姜片、蒜瓣各5克

辣椒酱2大匙

白糖1小匙

味精、香油各1/3小匙

植物油3大匙

烹饪步骤

1. 大米淘洗干净，放入清水中浸泡30分钟，捞出沥水；大葱、姜片、蒜瓣分别洗净，沥水，均切成末；辣白菜切成小条。

2. 山野菜去根、洗净，切成小段；豆芽去根、洗净；菠菜去根和老叶，洗净、沥水，切成小段。锅中加入清水烧沸，分别放入菠菜、豆芽、山野菜焯水，捞出。

3. 大米放入石锅中，加适量清水，上屉焖30分钟取出。将辣白菜条、豆芽、菠菜、山野菜和肉松摆在蒸好的米饭上。

4. 锅中加入植物油烧至六成热，下入葱末、姜末、蒜末炒香，加入辣椒酱、味精、白糖、香油、鲜汤煮沸，倒入石锅中。锅加底油烧热，打入鸡蛋煎至一面定形，摆在饭上即可。

坚果饭

🍆 使用食材

长粒米250克
熟腰果120克
洋葱碎90克
欧芹60克
甜椒碎、精盐各
少许
黄油70克
热鸡汤500克

🍲 烹饪步骤

1. 用黄油将洋葱碎炒至软香。

2. 加入长粒米炒至米粒焦黄。

3. 再加入热鸡汤、精盐，盖上盖，用小火煮15～20分钟，待米变软、汤汁收干。

4. 然后加入腰果、甜椒碎、欧芹搅拌均匀即可。

咖喱牛肉炒饭

 使用食材

大米饭600克
牛里脊肉200克
豌豆苗20克
番茄、鸡蛋各1个
精盐1小匙
味精、胡椒粉各
1/2小匙
咖喱粉2小匙
淀粉、植物油各
适量

烹饪步骤

1. 番茄去蒂，放热水中浸烫一下取出，剥去外皮，切成小块；鸡蛋磕入碗中，加入少许精盐、味精调匀成鸡蛋液；豌豆苗去根、洗净，放入沸水锅内焯烫一下，捞出过凉。

2. 牛里脊肉剔除筋膜，洗净、沥水，切成薄片，放入碗中；加入咖喱粉、少许植物油、淀粉拌匀，腌渍10分钟。锅中加油烧至六成热，放入牛肉片滑散至变色，捞出。

3. 锅留底油烧热，倒入鸡蛋液用大火炒至刚刚凝固；放入米饭翻炒均匀，再放入牛肉片、番茄块炒至入味，加精盐、味精、胡椒粉、咖喱粉，撒豌豆苗炒匀即可。

辣白菜炒饭

 使用食材

大米饭200克
熟五花肉150克
辣白菜100克
葱末、姜末各5克
精盐、味精、白糖各少许
酱油、料酒各1/2大匙
植物油1大匙

烹饪步骤

1. 熟五花肉切成薄片；辣白菜去根，撕成小片。

2. 锅置火上，加入植物油烧热，放入葱末、姜末炒香，下入五花肉片、辣白菜片煸炒片刻。

3. 加入酱油、料酒、精盐、味精、白糖、大米饭炒拌均匀即成。

TIPS

辣白菜炒饭是一种韩式料理，因为它简单、美味，又不失营养，最适合工作繁忙，而且胃口不好的人。

猪肉姜汁饭

 使用食材

 烹饪步骤

大米250克
猪肉100克
精盐适量
姜汁1小匙
淀粉1大匙
香油2小匙
葱花适量

1. 将猪肉洗净，剁成蓉，放入碗中，再加入少许清水、姜汁、精盐、香油和淀粉拌匀。

2. 将大米淘洗干净，再入笼蒸至将熟，然后加入肉蓉蒸成豆花状，出锅撒上葱花即成。

TIPS

　　姜有散风寒、解毒、祛湿的功效。加入姜汁，既增添了美味，又有"药食同源"的效果。

砂锅猪手饭

 使用食材

大米200克
猪手1只
梅干菜50克
葱段、姜片、精
盐、味精各少许
酱油3大匙
料酒2大匙
白糖1/2大匙
桂皮、八角、香
油、水淀粉、蚝
油、植物油各适量

烹饪步骤

1. 将猪手洗净，用小火烤至皮起细泡，放入热水中刮洗干净，再放入碗中，加入葱、姜、料酒、清水，上屉蒸至熟烂，取出，改刀脱骨，留汤备用；部分葱段切碎备用；梅干菜择洗干净，泡至回软，切成段。

2. 将大米淘洗干净，放入砂锅中，加入适量清水烧沸，再转用微火焖制30分钟，撒上葱花。

3. 锅中加油烧热，放入葱段、姜片、桂皮、八角炒香，再下入蚝油、梅干菜煸炒一下，加入其他调味料和蒸猪手的原汤，见汤沸，下入猪手烧至入味。

4. 然后拣出梅干菜，放在米饭上，锅中原汤用水淀粉勾芡，淋入香油，出锅倒在砂锅饭上即可。

时蔬饭团

 使用食材

 烹饪步骤

大米饭400克
鲜香菇、冬笋、
胡萝卜、水芹各
适量
腌小黄瓜、煮碎
花生米各适量
熟芝麻少许
精盐1/2大匙
味精少许
香油1小匙
植物油适量

1. 鲜香菇去蒂、洗净，切成小丁；冬笋、胡萝卜洗净，均切成小丁；水芹菜择洗干净，切成小粒；腌小黄瓜用清水浸泡并洗净，切成小丁。

2. 锅中加入植物油烧热，下入香菇丁、冬笋丁、胡萝卜丁、水芹菜粒煸炒。

3. 再加入精盐、味精翻炒均匀，关火后放入碎花生米、米饭翻拌均匀。

4. 然后放入腌黄瓜丁，淋入香油、撒上熟芝麻拌匀，团成饭团即可。

时蔬鸡蛋炒饭

使用食材

大米饭200克
鲜香菇50克
胡萝卜、生菜
各25克
鸡蛋2个
葱花10克
精盐1小匙
味精1/2小匙
植物油3大匙

烹饪步骤

1. 鸡蛋磕入碗中，加入少许精盐搅匀成蛋液；香菇去蒂、洗净，切成小块；胡萝卜去皮、洗净，切成小丁；生菜择洗干净，切成丝。

2. 锅中加入清水烧沸，分别放入香菇丁、胡萝卜丁焯透，捞出沥干。

3. 锅中加植物油烧热，先倒入蛋液炒至定浆，再放入葱花炒香，然后加入香菇块、胡萝卜丁、大米饭炒匀，再放入精盐、味精、生菜丝炒至入味，即可出锅。

素四宝盖饭

 使用食材

大米75克
口蘑、金针菇、冬菇、鸡腿菇各50克
胡萝卜、荷兰豆各25克
葱末、姜末、精盐、味精、白糖、胡椒粉、水淀粉、香油、酱油、料酒、高汤、植物油各适量

烹饪步骤

1. 荷兰豆撕去豆筋，洗净，沥净水分，切成菱形；胡萝卜去皮、洗净，切成片，入沸水锅中焯透，捞出沥水；大米淘洗干净，加入适量清水，上屉蒸熟，盛入盘中。

2. 口蘑去蒂、洗净，切成两半；金针菇去蒂、洗净，切成段；鸡腿菇去蒂、洗净，切成小条；冬菇用温水泡发，洗净。锅中加水烧沸，放口蘑、金针菇、鸡腿菇、冬菇焯烫、沥水。

3. 锅中加入植物油烧至六成热，下入葱末、姜末炒出香味；放入口蘑、金针菇、鸡腿菇、冬菇、荷兰豆、胡萝卜炒匀；加入精盐、味精、白糖、料酒、胡椒粉、酱油、高汤烧沸；用水淀粉勾芡，淋入香油，出锅浇在大米饭四周即可。

扬州炒饭

 使用食材

大米饭150克
虾仁50克
鲜豌豆、胡萝
卜丁各10克
午餐肉丁15克
鸡蛋1个
葱花15克
精盐1小匙
熟猪油80克

烹饪步骤

1. 鸡蛋打入碗内，加少许精盐调匀成鸡蛋液，放入热油锅中炒成碎块，出锅装入碗中；虾仁挑除虾线，洗净、沥水、切丁。

2. 锅置火上，放入熟猪油烧热，下入虾仁丁、豌豆、胡萝卜丁滑透，捞出沥油。

3. 净锅置火上，加入少许熟猪油烧热，下葱花爆香，倒入虾仁丁、豌豆、胡萝卜丁、午餐肉丁、鸡蛋碎块、大米饭和精盐炒匀，出锅装碗即可。

蒸鸡四喜饭

🍆 使用食材

大米饭500克

鸡肉250克

胡萝卜、冬笋、莲藕片、鸡蛋各100克

水发香菇25克

腌红姜片25克

味精1小匙

酱油、白糖、精盐、植物油各适量

🍲 烹饪步骤

1. 将胡萝卜、冬笋、鸡肉均洗净切成丁；鸡蛋搅散，下入热油锅中摊成蛋皮，再切成丝；香菇切丝。

2. 锅中加清水，下入香菇煮软，再加入胡萝卜丁、冬笋、莲藕片、白糖、酱油、精盐、味精煮20分钟，然后放入鸡丁焖煮10分钟，制成鸡肉菜丁。

3. 大米饭加入鸡肉菜丁，盛入碗内，摆上藕片、蛋丝和香菇丝，然后放入锅中蒸10分钟，撒上姜片即成。

菠萝蛋炒饭

 使用食材

大米饭250克
菠萝片(罐头)
50克
红辣椒2根
鸡蛋1个
大蒜片20克
精盐1小匙
葱花适量
植物油适量

烹饪步骤

1. 将鸡蛋磕入碗内打散，下入热油锅中炒成碎块，捞出沥油；菠萝片切成小块；红辣椒去蒂，洗净，斜切成片。

2. 锅中加植物油烧热，下入大蒜片、红辣椒片、菠萝块炒香，再加入大米饭炒匀，然后加入精盐调味，最后加入炒熟的鸡蛋炒匀，撒入葱花即可。

TIPS

菠萝具有消食、养胃、利尿消肿的功效。食用菠萝能够很好地补充营养，对身体健康是十分有利的。

樱花蛋炒饭

🍆 **使用食材**

大米饭250克
樱花虾40克
鸡蛋1个
葱花、蒜末各
15克
精盐、鸡精各1
小匙
植物油适量

🍲 **烹饪步骤**

1. 将鸡蛋磕入碗内打散，下入热油锅中炒成碎块，捞出沥油。

2. 将樱花虾洗净，与蒜末一起放入热油锅中爆香，再加入精盐、鸡精、大米饭炒匀。

3. 放入葱花、碎鸡蛋块翻炒均匀，即可出锅装盘。

TIPS

樱花虾又叫樱桃虾、玫瑰虾、火焰虾。有补气血、生乳的作用，有开胃健脾、消除寒气等功效。

咸肉焖饭

 使用食材

咸肉1块
油菜75克
大米100克
冬笋30克
水发冬菇25克
葱丝、姜丝各
10克
精盐、味精、
白酒少许
酱油2大匙
植物油适量

🍲 烹饪步骤

1. 咸肉用清水漂洗干净，放入清水锅中煮约15分钟至熟，捞出过凉，沥水，切成薄片。

2. 水发冬菇去蒂，洗净，切成小块；冬笋洗净，切成片。

3. 大米用清水浸泡，捞出，放入电饭锅中，加入适量清水，放入冬菇块、冬笋片和咸肉片焖熟。

4. 锅中加油烧热，下入葱丝、姜丝煸香，再加入酱油、精盐、白酒、味精炒匀成味汁，盛出，备用。

5. 将油菜洗净切成小段，放入焖好的米饭中拌匀，再浇淋上味汁，装盘上桌即可。

咸鱼鸡肉叉烧饭

 使用食材

大米300克
鸡肉丁100克
净咸鱼肉25克
叉烧肉丁、水发
冬菇丁、水发瑶
柱各50克
鲜粽叶、葱花、
精盐、味精、生
抽、淀粉、植物
油各适量

烹饪步骤

1. 将大米淘洗干净，用精盐、味精、少许植物油拌匀，腌渍入味后加入开水，再入笼蒸至稍干，然后加入瑶柱、咸鱼蒸熟。

2. 鸡肉丁加入精盐、淀粉、适量清水拌匀上浆，再倒入热油锅中过油，与冬菇丁一起炒熟，然后加入米饭、叉烧肉丁、葱花、生抽炒匀。

3. 将米饭盛至用开水焯烫过的粽叶上，包紧后放入锅中，置火上隔水蒸30分钟左右即可。

菜卷小米饭

使用食材

熟小米饭400克
白菜叶10张
茄子250克
洋葱末50克
红椒1根
精盐、胡椒粉、
番茄酱、蒜蓉、
水淀粉
各1/2小匙
植物油4小匙

烹饪步骤

1. 茄子洗净，去皮，切小丁；红椒斜切分2段；白菜叶用沸水焯烫。

2. 锅中加油烧热，下洋葱末炒香，下茄子丁炒软。

3. 再加入精盐、胡椒粉、蒜蓉炒匀，盛出装盘；倒入熟小米饭，加入少许精盐、胡椒粉拌匀。

4. 将小米、茄子丁放在白菜叶里卷好，上屉蒸15分钟；锅中加油烧热，下番茄酱炒香，加入清水、少许精盐、胡椒粉、红椒，用水淀粉勾芡，淋在小米菜卷上即可。

肥牛蔬菜盖饭

🍆 **使用食材**

🍲 **烹饪步骤**

大米饭300克
肥牛肉片200克
蔬菜丁（根据自
己的喜好选择）
适量
精盐、白糖、
咖喱粉、水淀
粉、植物油
各适量

1. 锅中加植物油烧热，加入蔬菜丁煸炒一下；大米饭盛入碗中。

2. 锅中加入适量清水烧沸，放入咖喱粉、精盐、白糖焖煮3分钟，再放入肥牛肉片烫煮至变色，用水淀粉勾芡，待汤汁浓稠后浇在大米饭上即可。

TIPS

　　肥牛是一种高密度食品，美味而且营养丰富，不但含有丰富的蛋白质、铁、锌、钙，还含有人体每天需要的维生素。

荷叶饭

使用食材

大米150克
鸡蛋2个
叉烧肉粒、猪
瘦肉粒、香菇
粒、虾仁粒各
适量
鲜荷叶2张
精盐、白糖、
酱油各少许
植物油75克

烹饪步骤

1. 大米淘洗干净，放入盆中，加入适量清水、植物油搅匀，入锅蒸熟，取出拨散，凉凉；鸡蛋磕入碗中，打散，备用。

2. 锅中加油烧热，放入叉烧肉粒、猪瘦肉粒、香菇粒、虾仁粒加酱油、精盐、白糖炒熟，盛出，再倒入鸡蛋液炒熟，盛放在一起。

3. 将上述馅料拌上米饭，用洗净的鲜荷叶包好，入蒸笼用大火蒸20分钟即可。

木瓜奶香饭

🍆 使用食材

大米、紫米、
木瓜、火龙果、
菠萝各50克
精盐、白糖、
水淀粉、牛奶
各适量

🍲 烹饪步骤

1. 将大米、紫米淘洗干净，放在容器内，加入牛奶拌匀，浸泡，再上锅蒸20分钟，取出。

2. 将火龙果、菠萝分别洗净，切成丁；木瓜切开，去籽，放入蒸锅蒸5分钟，取出，再将蒸好的紫米饭装入木瓜内，撒上火龙果丁、菠萝丁。

3. 净锅置火上，放入牛奶烧沸，加入精盐、白糖，用水淀粉勾芡，出锅浇在紫米饭上即可。

奶油花生炒饭

🍆 **使用食材**

大米饭250克
炸花生仁、葡萄
干各30克
洋葱丝少许
煮鸡蛋1个
葱花30克
精盐、胡椒粉、
面粉、奶油、植
物油各适量

🍲 **烹饪步骤**

1. 将煮鸡蛋去壳，切成丁；花生仁轧碎；葱花加入少许精盐和面粉搅拌一下，与葡萄干分别下入热油锅略炸，捞出沥油。

2. 锅置火上，加入奶油烧热，先下入大米饭炒热，再加入碎花生仁、鸡蛋丁、葡萄干、洋葱丝和葱花翻炒片刻，然后加入精盐和胡椒粉调味，即可出锅装盘。

TIPS

花生含丰富的维生素、氨基酸、儿茶素及矿物质，可以促进人体的生长发育，促使细胞发育和增强大脑的记忆能力，延缓衰老。

糯米鸡肉饭

 使用食材

糯米200克
鸡肉100克
葱花、精盐、
香油各适量

 烹饪步骤

1. 将鸡肉洗净，切成丁；糯米淘洗干净，再放入清水中浸泡。

2. 将糯米和鸡肉一起放入炖盅内，再加入葱花、香油、精盐拌匀，然后放入锅中，置火上隔水蒸熟即成。

TIPS

糯米为温补强壮食品，具有补中益气、健脾养胃、止虚汗之功效，对脾胃虚寒、食欲不佳、腹胀腹泻有一定缓解作用。

什锦海鲜盖饭

使用食材

大米饭300克
猪肉80克
卷心菜60克
虾仁50克
墨鱼、竹笋、木
耳各30克
胡萝卜20克
葱段、精盐、胡椒
粉、香油、白糖、
高汤、淀粉、蚝
油、植物油各适量

烹饪步骤

1. 将大米饭装入大碗内；猪肉、墨鱼、卷心菜、胡萝卜、竹笋、木耳均洗净，切成片；虾仁洗涤整理干净；淀粉加入适量清水调匀成淀粉水。

2. 锅中加油烧热，先下入葱段爆香，再放入猪肉片炒熟，然后加入虾仁、墨鱼、卷心菜、胡萝卜、竹笋、木耳、高汤煮沸。

3. 加入蚝油、白糖、精盐、胡椒粉煮约1分钟，用淀粉水勾芡，最后淋入香油，趁热浇在大米饭上即可。

甜椒肉炒饭

 使用食材

 烹饪步骤

1. 将红甜椒洗净，去籽，切成小丁；西蓝花洗净，切成小块，用少许精盐、鸡精腌渍5分钟，沸水焯烫，备用。

2. 将鸡蛋磕入碗中打散，下入热油锅中煎成薄蛋皮，盛出凉凉，切成丝。

3. 锅置火上，加油烧热，下入蒜末爆香，再加入猪肉丝炒熟，然后加入大米饭、红甜椒丁炒匀，再加入鸡蛋丝和剩余的精盐，撒上西蓝花块即可。

大米饭450克
猪肉丝150克
红甜椒70克
鸡蛋1个
西蓝花少许
蒜末少许
精盐1小匙
鸡精1/2小匙
植物油适量

猪肉洋葱盖饭

🍆 **使用食材**

大米饭300克
猪里脊肉馅150克
洋葱丁50克
鸡蛋液适量
葱丝、精盐、
胡椒粉各少许
低筋面粉、料
酒、酱油、老汤
各1大匙
面包粉3大匙
植物油适量

🍲 **烹饪步骤**

1. 猪里脊肉馅用精盐、胡椒粉腌10分钟，再沾上面粉、蛋液、面包粉，静置约5分钟，用手抓肉馅，从虎口挤出肉丸。

2. 猪里脊肉丸放入热油锅中炸至熟透浮起，取出沥油。

3. 将料酒、酱油、老汤倒入锅中煮沸，加入洋葱丁煮1分钟，再加入猪里脊肉肉丸和剩余蛋液，盖上锅盖煮15秒。

4. 再淋在大米饭上，最后撒上葱丝即成。

荷香卤肉饭

 使用食材

带皮五花肉400克
大米250克
荷叶1张
香菜段、葱花、
各少许
味精、五香粉、
白糖、料酒各少
许
香油1小匙
酱油1大匙
卤水适量

烹饪步骤

1. 大米淘洗干净，放入清水中浸泡30分钟，捞出沥水，锅上火烧热，放入大米用微火炒至米粒膨胀、熟透，盛出；荷叶洗净，入沸水锅内烫软，取出后用冷水冲净，沥水。

2. 五花肉洗净，放入清水中浸泡，切成3厘米大小的丁，放入清水锅中烧沸，焯烫出血污，捞出沥水；五花肉放入卤水锅中，用大火烧沸，转小火卤至刚熟，捞出；加入大米、酱油、白糖、五香粉、料酒、味精腌30分钟。

3. 荷叶铺入蒸笼内垫底，放入调拌好的五花肉和大米；放入蒸锅内烧沸，用大火蒸约30分钟至肉片熟烂入味；取出蒸笼，趁热撒上葱花、香菜段，淋入香油，上桌即可。

粥的花样很多，可以老火炖、生滚；
可以加肉片、蔬菜，也可以加莲子、山楂……
各种各样的热粥，喝粥营养又健康。

第二章

米粥

八宝粥

 使用食材

糯米100克
红小豆50克
葡萄干、花生仁
各20克
去心莲子、松子
仁各20克
桂圆20克
白糖适量

🍲 烹饪步骤

1. 将糯米淘洗干净，用清水浸泡，再放入电饭锅内，加入适量清水煮至熟烂，制成糯米粥。

2. 将红小豆、花生仁、去心莲子洗净，放入清水锅中煮至熟软，再加入糯米粥、桂圆、松子仁煮至浓稠，然后放入葡萄干、白糖搅匀，续煮15分钟，即可出锅装碗。

TIPS

八宝粥有健脾养胃、消滞减肥、益气安神的功效，可作为肥胖及神经衰弱者食疗之用，也可作为日常养生健美之食品。

煲羊腩粥

🍆 **使用食材**

大米250克
羊腩500克
绿豆、胡萝卜
各150克
枸杞、葱白粒、
姜丝、胡椒粉
各少许
精盐、味精、
生抽各1/2小匙
花椒5粒
水淀粉2小匙

🍲 **烹饪步骤**

1. 将绿豆洗净；大米淘洗干净，用精盐、花椒、胡椒粉拌匀，腌渍1小时；羊腩洗净，切块，与花椒和胡萝卜一同放入沸水中焯烫一下，再倒入沸水锅中，置火上煮至断生，捞出洗净。

2. 锅中加入清水，放入羊腩、胡萝卜、枸杞、绿豆和葱白粒煮滚，再加入大米，转小火熬煮2小时，然后用水淀粉勾芡，加入精盐、味精、生抽、姜丝拌匀即成。

菠菜猪肝粥

使用食材

猪肝150克
大米100克
菠菜50克
精盐、味精、
胡椒粉各少许
熟猪油2小匙
高汤适量

烹饪步骤

1. 菠菜去根和老叶，用清水洗净，切成细末；锅中加入清水烧沸，放入菠菜末焯烫一下，捞出过凉；大米淘洗干净，放清水中浸泡一会儿，捞出沥水。

2. 猪肝去除筋膜，用清水洗净，切成1厘米大小的丁；放入碗中，加入少许精盐、味精拌匀，腌渍10分钟；锅中放入熟猪油烧热，下入猪肝丁煸炒均匀，出锅沥油。

3. 锅置火上，加入适量清水，放入大米和高汤；用大火烧沸后转小火煮至粥将熟，撇去浮沫；再放入菠菜末、猪肝丁煮至米熟，撒入胡椒粉，加入精盐、味精略煮片刻至浓稠即可。

红枣山药粥

🥢 使用食材

🍲 烹饪步骤

大米100克
红枣10枚
山药20克
冰糖2大匙

1. 大米淘洗干净，放入清水中稍泡片刻，捞出沥水；锅中加入少许清水和冰糖用小火煮至溶化，成冰糖汁；红枣洗净，沥去水分，剥去果核，切成小块；山药去皮，放入淡盐水中浸泡，洗去黏液，沥水后切片，放入沸水锅中焯烫一下，捞出过凉，沥去水分。

2. 锅置火上，加入适量清水，放入大米，用大火烧煮至沸。

3. 转小火煮25分钟至大米将熟，撇去浮沫，放入山药片、红枣块。

4. 续煮约10分钟至米烂成粥，加入冰糖汁搅匀即成。

红枣银耳粥

🥕 使用食材

大米75克
银耳25克
莲子、枸杞各
15克
红枣2枚
冰糖50克

🍲 烹饪步骤

1. 红枣洗净，用温水浸泡至软，取出去核；枸杞洗净、泡软；莲子洗净，放入清水中浸泡1小时，剥去外膜，去掉莲子心，放入沸水锅中焯烫一下，捞出沥水；银耳泡发，去蒂，洗净，撕成小块，放入沸水锅中焯烫一下，捞出沥净水分。

2. 大米淘洗干净，放入锅内，加入适量清水煮沸。

3. 转小火熬煮约30分钟至米粥将熟，放入银耳、红枣、莲子。

4. 续煮至大米熟烂，放入枸杞、冰糖煮至黏稠即可。

红薯芋头糯米粥

 使用食材

糯米200克
红薯、芋头各
100克
老姜1小块
冰糖适量

🍲 烹饪步骤

1. 糯米放入清水中浸泡，洗净；红薯、芋头分别去皮，洗净，切成小块。

2. 将糯米、红薯、芋头、老姜、适量清水放入锅内烧沸，改用小火煮50分钟。

3. 加入冰糖，再煮10分钟即可。

TIPS

芋头有益胃健脾、宽肠通便、解毒散结、化痰、消肿止痛、补中益肝肾、调节中气、添精益髓等功效。

腐竹栗子玉米粥

 使用食材

小米粥200克
腐竹50克
栗子100克
鲜玉米粒100克
冰糖适量

烹饪步骤

1.　把栗子去皮，洗净切开；腐竹、玉米粒洗净待用。

2.　将栗子、玉米粒、腐竹、小米粥放入锅内，用中小火煲30分钟。

3.　加入冰糖，煮至完全溶化即可。

TIPS

玉米富含维生素C等，有长寿、美容、明目、预防高血压和冠心病等作用。

干贝鸡粥

 使用食材

 烹饪步骤

大米250克
熟鸡肉丝200克
干贝50克
水发香菇、油条
粒各适量
葱花、精盐、味
精、胡椒粉、香
油各适量

1. 将干贝除去硬筋，冲洗干净，放入碗中，加入少许沸水，入蒸笼蒸10分钟，取出凉凉，撕碎，蒸干贝的原汁留用；香菇洗净，切成小块。

2. 锅中加入清水烧沸，下入淘洗干净的大米、香菇块煮沸，再改用小火熬煮至粥浓米烂，然后下入干贝及原汁、鸡肉丝烧沸，再加入精盐、味精、香油、胡椒粉调味，盛入碗内，撒上葱花、油条粒即成。

桂圆姜汁粥

 使用食材

大米150克
桂圆100克
黑豆适量
姜25克
料酒、蜂蜜各
1大匙

烹饪步骤

1. 大米淘洗干净，放入清水中浸泡30分钟，捞出沥干水分；桂圆剥去外壳，放入温水中浸泡至软，洗净；黑豆拣去杂质，洗净，放入清水中浸泡4小时，捞出沥水；姜洗净，削去外皮，切成碎末，放入碗中，用蒜槌捣烂成蓉，加入料酒调拌均匀，过滤后取净姜汁。

2. 锅置火上，加入适量清水，放入大米和黑豆，用大火烧沸。

3. 转小火煮至米粥将熟，撇去浮沫，加入桂圆搅拌均匀。

4. 续煮至软烂，加入姜汁及蜂蜜搅匀即可。

黑糯米甜麦粥

 使用食材

黑糯米150克
燕麦100克
白糖适量

烹饪步骤

1. 黑糯米、燕麦分别淘洗干净，放入清水中浸泡4小时。

2. 坐锅点火，加入适量清水，放入黑糯米和燕麦煮沸。

3. 再改小火煮约40分钟至软烂，加入白糖即成。

TIPS

燕麦是一种低糖高营养、高能食品。对于心脑血管人群，肝肾功能不全者，肥胖者，中年人，还有想要减肥的女性都是保健佳品。

红薯香粥

 使用食材

 烹饪步骤

红薯250克
大米200克
油菜50克
精盐、熟猪油
各适量

1. 大米淘洗干净，用清水浸泡1小时，捞出沥干。

2. 油菜去根和老叶，洗净，切成3厘米长的小段，放入加有少许熟猪油的沸水中焯烫一下，捞出过凉、沥水。

3. 红薯洗净、削皮，切成块，在沸水锅中焯烫一下，捞出过凉、沥水。

4. 锅中加入适量清水，放入大米用大火烧沸，转中火煮至六分熟，放入红薯块，用小火煮约10分钟至粥熟，加入熟猪油、精盐、油菜段搅拌均匀即可。

花生糯米粥

🍆 **使用食材**

糯米100克
栗子、花生各
50克
姜1小块
冰糖适量

🍲 **烹饪步骤**

1. 栗子去外壳、去衣；糯米浸泡，洗净；花生洗净待用。

2. 将处理好的栗子、糯米、花生和姜一起放入锅内，加入清水烧沸后改小火煮约1小时。

3. 放入冰糖煮至溶化即可。

TIPS

花生中钙含量极高，钙是构成人体骨骼的主要成分，故多食花生，可以促进人体的生长发育。

苦瓜皮蛋粥

 使用食材

大米150克
苦瓜50克
松花蛋1个
大葱、姜块各15克
精盐、冰糖、香
油各适量

烹饪步骤

1. 将大米淘洗干净，放入清水中浸泡约2小时，捞出；松花蛋去除外壳腌料，洗净，上屉用大火蒸约10分钟，取出，剥去松花蛋外壳，切成小丁；大葱、姜块洗净，切成细末；苦瓜洗净，沥去水分，去瓜瓤及籽，切成片，放入沸水锅中焯烫一下，捞出沥干，切成粒。

2. 坐锅点火，加入适量清水烧沸，下入大米用小火煮至粥将熟。

3. 放入苦瓜粒、松花蛋丁、冰糖、精盐续煮约5分钟。

4. 撒入葱花、姜末搅匀，淋入香油即可。

莲子百宝糖粥

 使用食材

去心莲子50克
百宝粥料100克
白糖适量

烹饪步骤

1. 将莲子用温水浸泡至软；百宝粥料淘洗干净，放入清水中浸泡2小时。

2. 将百宝粥料放入锅中，加入适量清水，先用大火烧沸。

3. 再放入莲子，改用小火煲约1小时至米烂成粥，然后加入白糖即可。

鲮鱼黄豆粥

 使用食材

烹饪步骤

大米150克
鲮鱼(罐装)
100克
黄豆50克
豌豆粒适量
葱末、姜末各
少许
精盐、味精各
1/3小匙
胡椒粉适量

1. 将大米淘洗干净，放入清水中浸泡30分钟，捞出沥去水分；将豌豆粒用清水洗净，入沸水锅中焯烫一下，捞出用冷水过凉；将鲮鱼罐头打开，取出鲮鱼肉，切成1厘米大小的丁。

2. 将黄豆用清水淘洗干净，再放入清水中浸泡；锅中加入清水、黄豆烧沸，焯煮5分钟去豆腥味，取出沥水。

3. 锅中放入大米、黄豆、清水，用大火煮沸，再转小火煮1小时；待粥黏稠时，下入鲮鱼丁、豌豆粒，继续熬煮5分钟至粥熟烂；加入精盐、味精、胡椒粉搅匀，撒上葱末、姜末，装碗即可。

青菜粥

 使用食材

大米100克
青菜250克
姜丝、精盐、
味精、熟猪油
各少许

烹饪步骤

1. 将青菜择洗干净，切成粗丝；大米淘洗干净，放入清水中浸4小时。

2. 坐锅点火，加入适量清水，先下入大米大火煮沸，再转小火煮至粥将熟。

3. 然后加入青菜、姜丝、精盐、味精、熟猪油续煮至粥熟烂即可。

TIPS

青菜粥清肠胃，有减肥瘦身的作用，还可以调养血压、血脂、血糖，且容易消化。

虾仁菠菜粥

 使用食材

🍲 烹饪步骤

大米200克
鲜虾150克
菠菜50克
葱段、姜片各
适量
八角、精盐各
适量

1. 将大米淘洗干净，用清水浸泡1小时，捞出沥干；将菠菜择洗干净，切成小段，用加有少许精盐的沸水略焯，捞出过凉，沥干水分；将鲜虾去壳，从背部片开，挑去虾线，冲洗干净，再放入清水锅中，加入葱、姜、八角烧沸，用小火煮至五分熟，捞出沥干。

2. 净锅置火上，加入适量清水，先下入大米，用大火煮沸。

3. 再转小火煮至米粥将熟，然后放入虾仁、菠菜段续煮至粥熟。

4. 再撇去浮沫，加入精盐调匀，出锅装碗即可。

香芋黑米粥

🥒 使用食材

🍲 烹饪步骤

黑米300克
大米150克
芋头200克
花生50克
红枣10枚
红糖3大匙
冰糖80克

1. 将黑米、大米混拌均匀，淘洗干净，放入清水中浸泡2～3小时。

2. 将芋头去皮，用清水洗净，沥干水分，切成大薄片。

3. 坐锅点火，加入适量清水烧沸，先放入黑米和大米煮约40分钟，再下入芋头片、花生、红枣、红糖、冰糖续煮20分钟至粥熟即可。

猪蹄香菇粥

使用食材

猪蹄1只
大米150克
花生仁75克
水发香菇50克
香菜25克
葱花少许
精盐1小匙
味精适量
植物油1大匙

烹饪步骤

1. 将大米淘洗干净，用清水浸泡1小时；将猪蹄洗净，放入沸水锅中焯烫一下，捞出沥干；将水发香菇洗净，切成丝；将香菜洗净，切成小段。

2. 锅中加入清水，放入猪蹄、花生仁和香菇丝烧沸，再下入大米，用小火熬煮2小时。

3. 然后加入精盐、味精、植物油、香菜段和葱花调匀即成。

猪腰薏米粥

 使用食材　　　🍲 烹饪步骤

薏米250克
猪腰2个
香菇适量
葱末、姜末、
胡椒粉各少许
精盐、味精各
1/3小匙
料酒、香油各
1小匙
高汤2000克

1. 将薏米淘洗干净，用清水浸泡2小时，捞出沥干水分；香菇泡软、去蒂，放入沸水锅中略焯，捞出后切小块。

2. 将猪腰剥去外膜、洗净，擦去水分，一剖为二，去除白色腰臊，剞上十字花刀，切成小块；将处理好的猪腰放入沸水锅中焯透，捞出用清水洗净，沥干水分。

3. 薏米入锅，加入高汤用大火烧沸，转小火煮45分钟，放入香菇块继续煮约15分钟至薏米熟烂，撇去浮沫；再放入猪腰块稍煮，加入精盐、味精、料酒、胡椒粉调味，撒上葱末、姜末搅匀，淋上香油，出锅盛入汤碗中即可。

荔枝西瓜粥

🥒 使用食材

糯米300克
大米50克
西瓜、荔枝各
100克
冰糖100克
白糖3大匙
芹菜叶少许

🍲 烹饪步骤

1. 将糯米和大米分别淘洗干净，放入盆中，加入清水浸泡2～3小时。

2. 将西瓜去皮，去籽，切成小粒；将荔枝去皮、去核，取肉。

3. 坐锅点火，加入清水烧开，先放入糯米和大米煮至八分熟。

4. 再下入西瓜粒、荔枝肉、冰糖、白糖，用小火煮至米粒熟烂开花，撒上芹菜叶即可。

糯米蛋黄粥

使用食材

糯米200克
鸡蛋2个
山药75克
薏米50克
白茯苓20克
白糖2大匙

烹饪步骤

1. 将山药洗净切块；薏米、白茯苓分别洗涤整理干净，晾干，研磨成粉状；将鸡蛋放入清水锅内煮熟，捞出过凉，剥去外壳，取出鸡蛋黄。

2. 将糯米淘洗干净，与磨好的薏米粉和白茯苓粉、山药块一起放入净锅中。

3. 再加入适量清水，置小火上煮至糯米熟烂，然后放入白糖和鸡蛋黄搅拌均匀即可。

皮蛋瘦肉粥

使用食材

大米75克
松花蛋1个
猪瘦肉100克
油条1根
香葱末少许
精盐1小匙
淀粉2小匙
料酒1大匙
味精、鸡精各
少许

烹饪步骤

1. 将松花蛋剥去外皮，洗净，改刀切成小瓣；将猪瘦肉切成薄片，加入淀粉、料酒和味精拌匀，腌渍15分钟；将油条切成小块。

2. 将大米淘洗干净，放清水中浸泡30分钟，下入饭锅中，加入适量清水，用小火慢煮45分钟至熟。

3. 再加入松花蛋、猪肉片、油条块、精盐、鸡精煮约15分钟至汤汁黏稠，撒入香葱末即可。

皮蛋虾球粥

🍆 使用食材

🍲 烹饪步骤

大米250克
虾仁100克
胡萝卜粒15克
松花蛋1/2个
大葱15克
精盐、味精、
胡椒粉各1小匙
香油2小匙

1. 将松花蛋去壳，用清水冲净，切成小粒；将大米淘洗干净，再放入清水中浸泡。

2. 将大葱择洗干净，切成2厘米长的小段；将虾仁去虾线，洗净，切成粒，放入开水中稍烫，捞出沥水。

3. 将大米放入锅中，加入适量清水煮成米粥，再放入虾仁、胡萝卜粒、松花蛋粒、葱段煮约10分钟。

4. 然后加入精盐、味精、香油、胡椒粉调好口味即可。

人参雪蛤粥

 使用食材

烹饪步骤

大米200克
鲜人参1根
雪蛤25克
枸杞10克
冰糖100克
料酒1大匙

1. 将大米淘洗干净，放入清水中浸泡30分钟，捞出沥干；将人参刷洗干净，沥去水分，切成薄片；将枸杞用温水浸泡。

2. 将雪蛤用温水泡软，洗涤整理干净，放入碗中，加入料酒调匀，放入蒸锅内，用大火蒸约5分钟，取出雪蛤。

3. 锅置火上，加入适量清水，放入大米用大火烧煮至沸，再转小火煮约30分钟至大米将熟，放人参片、枸杞搅匀。

4. 续煮约25分钟，撇去浮沫和杂质，然后放入雪蛤稍煮，加入冰糖稍煮，待粥黏稠、冰糖溶化后即成。

砂锅鸡粥

 使用食材

仔鸡1只
（约800克）
大米150克
干贝15克
鲜冬菇10克
香菜10克
葱段、葱花、姜
片、精盐、料
酒、植物油各
适量

🍲 烹饪步骤

1. 将大米用清水浸泡，洗净，捞出沥水；将香菜择洗干净，切末。

2. 将干贝泡发，放入碗中，上屉蒸熟，取出凉凉，撕成细丝；将鲜冬菇去蒂，用清水浸泡，洗净，攥干水分，切成小块。

3. 将仔鸡取出鸡嗉，剁去鸡尖、鸡爪，去内脏，洗净，焯烫，过凉；锅中放入清水和仔鸡烧沸，转小火煮约30分钟至熟，捞出仔鸡，煮仔鸡的原汤过滤后留用；将大米入锅，加入煮仔鸡的原汤烧沸，转小火煮至八分熟。

4. 砂锅中加油烧至七成热，下入姜片、葱段爆香，再倒入米粥，放入干贝丝、冬菇块，烹入料酒，用小火熬熟，然后加入精盐调味，撒上葱花、香菜末搅匀即可。

消暑绿豆粥

 使用食材

烹饪步骤

绿豆200克
银耳、西瓜、蜜
桃各适量
冰糖3大匙
薄荷少许

1. 将绿豆淘洗干净，浸泡6小时；将银耳用冷水浸泡回软，择洗干净；将西瓜去皮及籽，切块；将蜜桃去核，切瓣。

2. 饭锅中加入清水和泡好的绿豆，上大火烧沸，转小火煮40分钟。

3. 再下入银耳及冰糖，搅匀煮20分钟，然后放入西瓜和蜜桃，煮约3分钟离火。

4. 自然冷却后装入碗中，用保鲜膜密封，放入冰箱，冷藏约20分钟，撒上薄荷即可。

小米红枣粥

 使用食材

 烹饪步骤

小米400克
红枣6枚
冰糖适量

1. 将小米淘洗干净，用清水浸泡5小时；将红枣清洗干净，去核。

2. 锅中加入适量清水，放入小米、红枣煮沸，再改用小火煮30分钟至粥熟。

3. 然后加入冰糖煮至完全溶化即可。

TIPS

小米是营养丰富的食材，淘洗时次数不要过多，会使小米外层的营养流失，如用清水浸泡，可以连浸泡的清水一起倒入锅内煮制。

面条是最简单的美食，
也是最容易获得成就感的美食，好面、好浇头、好汤料，
只要你做到了，没有什么面不能搞定。

第三章

面条

朝鲜冷面

 使用食材

🍲 烹饪步骤

冷面500克
熟牛肉75克
熟鸡蛋1个
香菜25克
熟芝麻20克
味精1/2小匙
白糖4小匙
酱油、白醋、
香油各2小匙
辣椒油2大匙

1. 将冷面放入温水中泡至回软；将熟牛肉切成片；将熟鸡蛋切成两半；将香菜洗净，切成小段。

2. 凉开水中放入白糖、白醋、酱油、味精、香油兑成凉汁。

3. 锅中加水烧沸，下入冷面煮熟，捞出投凉，放入碗中，放上牛肉片、鸡蛋，撒上香菜、熟芝麻，淋入辣椒油，浇上凉汁即成。

炒肉丝面

使用食材

精白面粉200克
猪里脊肉50克
香菜段15克
料酒、骨头汤、
酱油、精盐、葱
丝、姜丝、湿
淀粉、味精、熟
猪油、花椒油、
香油各适量

烹饪步骤

1. 在面粉内加精盐1/4小匙，加水和成硬面团略饧。

2. 将猪里脊肉切成丝，用料酒1小匙、少许精盐腌渍入味，再用湿淀粉20克抓匀上浆；将面团放在案板上擀成大薄片，撒面粉折叠起来，切成面条；将锅内加水烧沸，下入面条煮熟，捞出投凉，再捞入碗内。

3. 锅内加入熟猪油、花椒油烧热，下入猪里脊肉丝炒散，放入葱丝、姜丝炒香，加入骨头汤、酱油、余下的料酒、精盐和味精烧沸，撇去浮沫，放上香菜段，用余下的湿淀粉勾薄芡，淋入香油炒匀，浇在碗内面条上即成。

豆腐炸酱面

🍆 使用食材

玉米面条200克
豆腐50克
水发木耳、韭菜
段各30克
姜末、精盐、味
精、料酒、酱油
各少许
甜面酱、水淀粉、
香油、熟猪油各
适量
鲜汤100克

🍲 烹饪步骤

1. 将豆腐切成大片，放入沸水锅内焯透，捞出沥水，凉凉，再改刀切成小块；将木耳择洗干净，撕成小片。

2. 锅内加水烧沸，下入玉米面条烧沸，点入凉水，盖上盖，再沸时，捞出投凉，沥水，放入碗内。

3. 锅加熟猪油烧热，下入豆腐略煎，再放入木耳、姜末、料酒、酱油、精盐、甜面酱、鲜汤烧开，然后下入韭菜、味精，用水淀粉勾芡，淋香油，浇在面条上即成。

海带肉丝面

 使用食材

刀切面条150克
水发海带、
牛肉各75克
菠菜段40克
葱丝、姜丝、精
盐、味精、排骨
精、泡打粉、胡椒
粉、料酒、酱油、
水淀粉、鲜汤、植
物油各适量

烹饪步骤

1. 将海带入蒸锅蒸至软烂，取出；将海带、牛肉均切成丝；将牛肉丝用泡打粉拌匀，再用水淀粉上浆。

2. 将刀切面条入沸水中煮熟，捞出冲凉。

3. 锅中加油烧热，放入葱丝、姜丝炝香，再下入牛肉丝炒至变色，然后下入海带丝、料酒、酱油、鲜汤、精盐、胡椒粉、排骨精炒透。

4. 再下入菠菜炒熟，下入刀切面条、味精炒匀即成。

红焖排骨面

 使用食材

面条500克
猪排骨200克
油菜75克
葱段、姜片、
蒜片、花椒、八
角、各适量
味精、白糖、料
酒各适量
精盐、酱油各
1大匙
植物油2大匙

烹饪步骤

1. 将油菜择洗干净，在根部剞上十字花刀，放入加有少许植物油的沸水中略焯，捞出过凉、沥水；将猪排骨洗净，先顺长切成长条，再剁成骨牌块，锅置火上，加入清水、排骨烧沸，焯烫5分钟，捞出洗净。

2. 锅中加油烧至八成热，下入葱段、姜片、蒜片、八角炝锅，放入排骨、花椒煸炒，加酱油、精盐、白糖、料酒。

3. 倒入足量沸水（或肉汤），用大火烧沸，转小火焖煮1小时，待排骨酥烂时，捞出花椒、八角、葱、姜、蒜，锅中汤留做浇汁。

4. 面条煮熟，捞出装碗，放上油菜和排骨，淋上浇汁即可。

滑牛肉炒米粉

使用食材

米粉200克
牛里脊肉150克
油菜50克
香菇25克
精盐、鸡精、白
糖各适量
料酒、植物油各
适量

烹饪步骤

1. 将米粉洗净，放入沸水中浸泡至透，捞出沥去水分；将油菜择洗干净，放入沸水中焯烫一下，捞出过凉、沥水；将香菇用温水泡透，去蒂、洗净，切成小丁，上屉蒸熟，取出；将牛里脊肉剔去筋膜，洗净，擦净水分，逆纹路切成薄片，放入碗中，加入少许精盐、料酒、鸡精拌匀，腌渍10分钟。

2. 锅中加入植物油烧至八成热，放入米粉用中火煸炒片刻，加入少许精盐、鸡精调好口味，出锅盛入盘内；锅再上火，加入植物油烧至七成热，下入牛肉片炒至变色。

3. 放入油菜、香菇丁稍炒，加料酒、白糖、精盐、清水炒匀，再加入少许鸡精，转大火翻炒均匀，盛在炒米粉上即可。

家常炸酱面

 使用食材

刀切面200克
猪五花肉100克
水发香菇15克
鸡蛋1个
大葱、东北大酱、
酱油、料酒、白
糖、精盐、味精、
香油、花生油、
甜面酱、高汤各
适量

烹饪步骤

1. 将鸡蛋磕入碗中，用筷子搅拌均匀成鸡蛋液；将水发香菇去蒂、洗净，攥干水分，切成小丁；大葱切成碎粒。

2. 将猪五花肉剔去筋膜，洗净、沥水，剁成末，锅中加入少许花生油烧热，下入猪肉末煸炒至变色，盛出。

3. 锅中加入清水、少许精盐烧沸，放入切面煮10分钟至熟，捞出分盛在面碗中；高汤入锅煮沸，出锅倒在面碗内；锅中加入底油烧至七成热，倒入打散的鸡蛋液炒熟，盛出。

4. 锅中加入花生油烧至八成热，放入甜面酱、东北大酱炒至浓稠，加入猪肉末、香菇丁、酱油、料酒、白糖、味精、鸡蛋翻炒，炒至酱汁浓稠时，淋入香油，盛入面碗中，撒上葱粒即可。

烂锅面

 使用食材

面粉500克
猪瘦肉75克
白菜心150克
葱末、姜末各
10克
精盐2小匙
味精1/2小匙
料酒1小匙
肉汤200克
熟猪油75克

烹饪步骤

1. 将面粉放入盆内，加入适量清水和好，制成面条；将猪瘦肉洗净，切丝；将白菜心洗净，切成小段。

2. 锅中加入熟猪油烧热，放入葱末、姜末炒香，再放入肉丝煸炒至七分熟，然后放入白菜心略炒，再加入精盐、料酒、肉汤烧沸，捞出肉丝及白菜心。

3. 将面条下到汤锅内，待面条煮熟时，加入味精，再放入肉丝、白菜心烧沸即可。

地瓜面汤

🍆 使用食材

地瓜面、面粉
各150克
肉丝、菠菜叶
各100克
木耳丝50克
鸡蛋2个
葱花100克
精盐、味精、
胡椒粉、酱油、
香油各适量
植物油80克

🍲 烹饪步骤

1. 将地瓜面、面粉加入少许精盐、清水和匀，擀成面条。

2. 锅中加油烧热，先下入葱花炝锅，再加入肉丝煸炒，然后加入适量清水烧沸，放入面条煮熟。

3. 再加入木耳、菠菜，甩入鸡蛋液成花，加入酱油、胡椒粉、精盐、味精调味，淋入香油即成。

TIPS

　　地瓜面有抗癌、通便减肥、提高免疫功能、抗衰老、保持肌肤弹性、减缓肌肤衰老进程等作用。

牛肉炒面

 使用食材

面粉300克
牛肉100克
青、红椒丝各25克
葱丝、姜丝各10克
精盐1小匙
味精1/2小匙
料酒、酱油各2
小匙
肉汤、植物油各
适量

烹饪步骤

1. 将牛肉洗净，切成细丝；将面粉用凉水加精盐1克和成硬面团揉匀，再擀成大片，折叠后切成面条。

2. 锅内加入适量清水烧开，下入面条煮熟，捞出投凉，沥去水分。

3. 锅中加入植物油烧热，放入葱丝、姜丝炒香，再下入牛肉丝略炒，然后加入料酒炒熟。

4. 锅中加肉汤、精盐和酱油等，然后放入面条、青、红椒丝炒匀，加入味精炒匀即可。

四川担担面

🍆 **使用食材**

🍲 **烹饪步骤**

细面条250克
猪五花肉100克
木耳、香菇、
口蘑、芝麻、
香葱、蒜泥、
精盐、味精、
鸭汤、白糖、
料酒、酱油、
白醋、芝麻酱、
植物油、香油、
红油各适量

1. 将猪五花肉去筋膜、洗净，先切成碎粒，再剁成肉末；将木耳、香菇、口蘑分别用温水泡软，捞出沥水，切成小粒；锅中加水烧沸，放入木耳、香菇、口蘑焯烫一下，捞出。

2. 将芝麻酱放入碗内，加入清水、料酒、酱油调至浓稠，再加入白糖、白醋、精盐、味精、香油、红油拌匀成味汁。

3. 将香葱择洗干净，切成碎粒；将芝麻放入锅内炒熟，出锅凉凉；锅中加水烧沸，下入面条煮至熟，捞出装入碗中。

4. 净锅加油烧至六成热，下入猪肉末煸炒至变色，烹入料酒，放入木耳、香菇、口蘑炒匀，倒入味汁略炒，添入少许水烧沸，倒入面碗中，撒上香葱、芝麻、蒜泥即可。

文蛤海鲜面

🥢 **使用食材**

面条150克
文蛤100克
夏威夷贝、鲜带
子各50克
大虾2只
海带结、鲜芦笋、
葱丝、姜丝、胡椒
粉、精盐、味精、
料酒、高汤、植物
油各适量

🍲 **烹饪步骤**

1. 将鲜芦笋去根，削去老皮，洗净、沥水，切成3厘米长的小段；将海带结洗净，放入蒸锅内蒸10分钟，取出用清水漂洗干净；将大虾剪去虾须、额箭，洗净，从大虾背部片开，除去虾线；将文蛤洗净，放入清水盆内，加入少许植物油使其吐净泥沙；将夏威夷贝、鲜带子分别去除杂质，放入清水中浸泡、洗净。

2. 锅中加适量清水烧沸，下入面条煮至熟，捞出装碗；锅中加入植物油烧至六成热，下入葱丝、姜丝炒出香味，烹入料酒，加入高汤烧沸，放入文蛤煮至微开，撇去浮沫。

3. 再放入大虾煮熟，下入夏威夷贝、鲜带子、海带结、鲜芦笋，加入精盐、味精、胡椒粉续煮3分钟后离火，倒入碗中即可。

雪菜肉丝面

 使用食材

面条200克
腌雪里蕻150克
猪里脊肉100克
红辣椒15克
姜块10克
精盐、酱油、淀
粉各1/2小匙
白糖1/3小匙
高汤适量
香油1小匙
植物油1大匙

烹饪步骤

1. 将腌雪里蕻用清水浸泡以洗去盐分，捞出控水，切成碎末；将红辣椒洗净，去蒂及籽，切碎；将姜块去皮、洗净，切成细末。

2. 将猪里脊肉洗净、沥水，切成5厘米长的细丝，放入碗中，加入少许精盐、酱油、淀粉和植物油拌匀，腌渍5分钟。

3. 锅中加入植物油烧至七成热，下入红辣椒末、姜末炒香，放入猪肉丝煸炒干水分，再放入雪里蕻末、白糖炒匀，加入少许高汤、精盐、酱油炒匀，淋上香油，出锅装碗。

4. 锅中加入清水烧沸，放入面条煮熟，捞出过凉；净锅加入高汤烧沸，下入熟面条略煮，再加入精盐调味，连汤盛入面碗内，淋上香油，放上炒好的雪菜肉丝即成。

意大利炒面

使用食材

意大利面150克
小西红柿、芹菜
各适量
青椒、红椒、洋
葱、植物油各适
量
精盐、白糖、胡
椒粉各少许
牛肉汤、番茄酱、
酱油、白酒各1
大匙

烹饪步骤

1. 将西红柿洗净，一切两瓣；将芹菜、青椒、红椒分别择洗干净，切丝；将洋葱去皮、洗净，切丝备用。

2. 锅上火加清水，烧沸后下入意大利面，煮至熟，捞出沥干水分，用植物油调拌均匀待用。

3. 坐锅点火，加底油烧热，先放入洋葱煸炒出香味，再下入番茄酱、酱油、白酒、精盐、白糖、胡椒粉、牛肉汤及意大利面翻炒至入味，然后加入小西红柿、芹菜、青椒、红辣椒拌均匀即可。

玉米汤面

 使用食材

 烹饪步骤

玉米面条200克
熟猪肘肉、
木耳、香菜、
葱末、姜末、
精盐、味精、
料酒、香油、
白胡椒粉、鸡
汤各适量

1. 将熟猪肘肉切成薄片；木耳泡发回软，择洗干净，撕小片；将香菜洗净，切成段。

2. 锅中加油烧热，放入葱、姜炒香，再烹入料酒，添入鸡汤，加入猪肘肉、木耳烧沸。

3. 然后下入玉米面条煮约6分钟，倒入砂锅中，加入精盐、味精续煮2分钟，再撒入白胡椒粉、香菜段，淋入香油即可。

海鲜时蔬面

 使用食材

细面条200克
蚬子肉150克
菠菜100克
精盐、味精各
1/2小匙
芥末油、白糖各
1小匙
高汤750克

烹饪步骤

1. 将蚬子肉洗净；菠菜择洗干净，切段，下入沸水中焯烫片刻，捞出冲凉。

2. 锅中加水烧沸，下入细面条煮至熟，捞出投凉，装碗。

3. 再加入高汤、蚬子肉、菠菜段，放入精盐、味精、芥末油、白糖，拌匀即可。

TIPS

蚬子肉有提高免疫功能、壮阳壮腰、利尿消肿、利造血、护肝、降低人体中血脂和胆固醇的作用。

韭黄阳春面

 使用食材

 烹饪步骤

刀切面200克
韭黄、白玉兰
各50克
葱丝、姜丝各
少许
精盐、味精
各1/2小匙
酱油1小匙
高汤750克
植物油1大匙

1. 将韭黄、白玉兰洗净，切成小段。

2. 将锅置于火上，加入适量清水烧沸，下入刀切面煮约8分钟至熟，捞入碗中。

3. 坐锅点火，加油烧热，先放入葱丝、姜丝炒香，添入高汤，再加入酱油、精盐、味精烧沸。

4. 然后下入韭黄、白玉兰略煮，离火即可。

小炖肉茄子卤面

 使用食材

刀切面500克
猪五花肉块300克
过油茄子块200克
青椒条、红椒条、
葱段、姜块、桂
皮、八角、红干
椒、精盐、味精、
白糖、黄酱、花
椒油、植物油各
适量
青菜叶少许

🍲 烹饪步骤

1. 锅中加油烧热，放入五花肉块煸炒，下入葱段、姜块炒香，加入适量沸水、黄酱、桂皮、八角、红干椒烧沸，转小火炖30分钟。

2. 放入过油茄子块炖煮5分钟，加入精盐、白糖、味精续炖5分钟，放入青、红椒条炒匀，盛出。

3. 锅中加入适量清水烧沸，下入刀切面煮熟，捞入碗中，加入上述炖肉卤，淋上花椒油，撒上青菜叶即可。

羊肉烩面

 使用食材

 烹饪步骤

玉米面条200克
熟羊肉100克
黄花菜、韭薹段
各25克
木耳、葱花、姜
丝各15克
料酒、酱油各2
小匙
精盐、味精、羊
骨汤、辣椒油、
香油各适量

1. 将熟羊肉切成小丁；将黄花菜用沸水焯透，捞出沥干，切成段；将木耳洗净，撕成小片。

2. 锅中加入羊骨汤烧沸，下入玉米面条，用筷子轻轻拨散，加入料酒、酱油、精盐、木耳片烧沸。

3. 待煮至玉米面条微熟，再下入羊肉丁、黄花菜、韭薹段煮至面条熟软。

4. 加入味精，淋入辣椒油、香油，出锅装碗，撒上葱花、姜丝即成。

爆炒双色面丁

使用食材

面粉200克
鸡蛋3个
熟火腿丁、蒜
薹丁各30克
核桃仁丁25克
精盐、味精、
白糖、葱末、
姜末、蒜末、
水淀粉、鲜汤、
香油、植物油
各适量

烹饪步骤

1. 将鸡蛋中的鸡蛋清、鸡蛋黄分别磕入两个容器内搅散；蛋黄液与
   蛋清液分别加入少许精盐、100克面粉揉成面团，做成两种颜色的
   面团，略饧后擀成大片，再切成丁，下入沸水锅内煮熟，捞出投
   凉，沥去水分。

2. 锅中加油烧热，下入葱末、姜末、蒜末、蒜薹、核桃仁略炒，然
   后下入鲜汤、火腿丁、面丁、精盐和白糖烧熟，加入味精，用水
   淀粉勾芡，淋入香油即成。

菠菜汤面

🥒 **使用食材**

玉米面条200克
熟猪五花肉75克
菠菜50克
水发木耳20克
葱末、姜末、
酱油各10克
精盐1小匙
味精1/2小匙
香油2小匙
猪骨汤400克
植物油3大匙

🍲 **烹饪步骤**

1. 将熟猪五花肉切成大薄片；将菠菜、木耳分别择洗干净，菠菜切成段，木耳撕成小片。

2. 锅中加植物油烧热，下入葱末、姜末炝香，下入肉片炒出油，加入酱油、猪骨汤、精盐、木耳片烧开，下入菠菜段、味精烧开，出锅装碗，淋入香油。

3. 锅中加入清水烧沸，下入玉米面条煮熟，捞入菠菜汤碗内即成。

蛋酥炒面

🍆 使用食材

🍲 烹饪步骤

鸡蛋面500克
猪肉丝250克
青菜200克
葱丝50克
精盐1小匙
酱油100克
植物油700克

1. 将鸡蛋面下入锅中煮熟，捞出沥干，再下入热油锅炸至稍黄，捞出沥油，然后放入热水中烫软，捞出。

2. 锅中留底油烧至七成热，下入葱丝、猪肉丝煸炒一下，再加入青菜、酱油及少许精盐炒匀。

3. 然后放入鸡蛋面翻炒一下，盖上盖，待汤收入面条中，盛出装盘。

蛤蜊面条汤

面粉250克
鲜蛤蜊、高汤各
500克
西红柿丁150克
青菜丝、水发黑木
耳丝各50克
鸡蛋2个
香菜末、葱末、姜
末、精盐、味精、
胡椒粉、香油、植
物油各适量

🍲 烹饪步骤

1. 将面粉加水，搓成长条；将蛤蜊洗净，用沸水煮至开壳，剥出蛤肉，留原汤备用；鸡蛋磕入碗内打散成鸡蛋液。

2. 锅中加油烧热，先下入葱末、姜末、西红柿丁略炒，再加入高汤、蛤蜊原汤、木耳、青菜烧沸。

3. 下入面条煮熟，淋入鸡蛋液搅匀，放入蛤蜊肉、精盐、味精、胡椒粉、香菜末、香油略煮即可。

鸡杂炒面

🥄 使用食材

面条300克
鸡心、鸡肝、
鸡胗各100克
黄瓜片150克
红椒片、葱片、
姜片、蒜片、精
盐、味精、酱油、
米醋、胡椒粉、
水淀粉、料酒、
植物油各适量

🍲 烹饪步骤

1. 锅中加入清水烧沸，下入面条煮熟，捞出过凉，放在屉布上，摊开晾干；酱油、料酒、米醋、精盐、味精、胡椒粉制成味汁。

2. 将鸡心、鸡肝、鸡胗分别洗净，切成片，放入碗中，加入精盐、水淀粉抓匀上浆。

3. 锅中加油烧热，下入鸡杂炒散，再加入红椒片、葱片、姜片、蒜片略炒，烹入味汁，放入面条、黄瓜片炒匀即成。

家常肘花面

🍆 使用食材

🍲 烹饪步骤

切面200克
酱肘花150克
青菜适量
葱末、姜末、
蒜末各少许
精盐、味精各
1/3小匙
料酒1/2大匙
高汤250克

1. 将酱肘子去骨，切成薄片；将青菜洗净，切成段，下入沸水锅中焯烫一下，捞出冲凉。

2. 高汤倒入碗中，加入精盐、味精、料酒调匀，制成味汁。

3. 锅中加入适量清水烧沸，下入切面煮6分钟至熟，捞出装碗，再放上肘花，撒上葱末、姜末、蒜末、青菜段，浇上味汁拌匀即可。

美味炒面

使用食材

鸡蛋面400克
火腿肠50克
西红柿75克
水发香菇30克
青椒20克
葱末5克
精盐、胡椒粉、
味精、鸡精、
香油各少许
酱油2小匙
植物油2大匙

烹饪步骤

1. 将火腿肠切成丝；将西红柿去蒂，洗净，切成小块；将水发香菇洗净，切成小块；将青椒洗净，切成丝。

2. 净锅置火上，放入植物油烧热，加入葱末炝锅，放入香菇块、火腿肠丝、西红柿块、青椒丝炒匀。

3. 加入精盐、酱油、胡椒粉、味精、鸡精和少许清水烧沸，倒入煮熟的鸡蛋面，用大火翻炒均匀，淋入香油即可。

面片甩袖汤

 使用食材

面粉200克
青菜75克
水发木耳、珍珠
菇各50克
鸡蛋2个
葱花、精盐、味
精、胡椒粉、酱
油、香油各适量
植物油3大匙
鸡汤1500克

 烹饪步骤

1. 将面粉加入半个鸡蛋、适量清水和匀，擀成大薄面皮，再切成面片；将木耳、青菜、珍珠菇用沸水焯烫一下，捞出沥干。

2. 锅中加入植物油烧热，先下入葱花炝锅，再加入鸡汤、木耳、青菜、珍珠菇、精盐、酱油烧沸。

3. 然后下入面片煮熟，再甩入鸡蛋花，加入味精、胡椒粉，淋入香油即成。

泥鳅挂面

 使用食材

挂面300克
活泥鳅10条
香菜段、姜末、
精盐、酱油、
熟猪油各适量

烹饪步骤

1. 将泥鳅放入淡盐水中吐净泥沙，再去头及内脏，冲洗干净。

2. 坐锅点火，加入熟猪油烧热，先放入泥鳅略炒一下，再添入适量清水烧沸，转小火焖煮20分钟。

3. 然后加入姜末、精盐、酱油续煮5分钟，待煮至泥鳅肉刺分离、汤汁变白时，放入挂面烧沸。

4. 再关火焖约5分钟，然后出锅装碗，撒上少许香菜段即可。

牛肉汤面

 使用食材

 烹饪步骤

荞麦挂面200克
卤牛肉75克
青菜心60克
香菇10克
鸡蛋1个
葱末、姜末、
蒜末、精盐、
味精、排骨精、
植物油、香油
各适量
鸡汤500克

1. 将青菜心、香菇分别洗净；将卤牛肉切成大薄片；香菇切成丝。

2. 锅内加油烧热，下入葱末、姜末、蒜末炝香，加入鸡汤烧沸，下入荞麦挂面用筷子轻轻拨散，用小火煮沸，加入精盐、排骨精煮熟，面条捞入汤碗内。

3. 将鸡蛋磕入鸡汤内，下入青菜心、香菇丝煮至鸡蛋熟透，捞入面条碗内。

4. 再往鸡汤内加入味精、香油，出锅倒入面条碗内，将卤牛肉片码放在面条上即成。

肉炒宽面条

 使用食材

面粉500克
肥瘦猪肉100克
青笋30克
西红柿适量
葱花少许
精盐、鸡精、料
酒、胡椒粉各
1/2小匙
植物油适量

烹饪步骤

1. 在面粉中加入适量温水和成面团，稍饧，擀成大片，切成宽面条，放入清水锅内煮熟，捞出凉凉；将青笋、肥瘦猪肉分别洗净，切成片；西红柿洗净切块。

2. 锅中加油烧热，下入葱花、肉片翻炒，再放入宽面条、青笋片、西红柿块调味炒匀即可。

TIPS

面片要和得软一些，加入冷水来和这样口感能更劲道又好吃。

三虾面

🍆 **使用食材**

面条500克
虾仁150克
虾脑50克
鸡蛋清30克
菱粉适量
精盐、味精、熟
猪油各适量
胡椒粉1/2小匙
料酒2小匙
虾子酱油1大匙
鸡汤750克

🍲 **烹饪步骤**

1. 将虾仁洗净沥干，加入精盐、鸡蛋清、菱粉拌匀，下入热油锅滑熟，捞出虾仁，倒去余油，再放入虾脑略炒，然后加入料酒、胡椒粉、虾子酱油、精盐、味精、虾仁翻炒，出锅装碗。

2. 再将锅中加入鸡汤、味精、熟猪油、精盐、虾子酱油、清水烧沸，下入面条煮熟，捞出盛入汤碗内，最后浇入鸡汤、虾仁、虾脑即成。

TIPS

虾的营养价值极高，能增强人体的免疫功能和性功能，补肾壮阳，抗衰老。

生炝海鲜面

 使用食材

方便面1袋
鲜鱿鱼须、贝尖、青瓜
各100克
豆皮50克
红干椒、香菜各20克
葱、姜、蒜各5克
精盐少许
白糖1小匙
米醋、酱油、生抽各
1/2小匙
辣椒油适量

🍲 烹饪步骤

1. 将鲜鱿、贝尖均洗净；豆皮、青瓜分别洗净，切成丝；将方便面用沸水泡开，去汤留面。

2. 精盐、白糖、米醋、酱油、生抽调成汁，放入热锅中烧沸，鲜鱿鱼须、贝尖、红干椒放入热油锅浸炸一下，取出后放入面碗中。

3. 放上青瓜丝，浇入烧热的辣椒油，撒上葱、姜、蒜、香菜即成。

爽口拌面

 使用食材

荞麦面100克
蟹足棒1根
黄瓜1/2根
芝麻、胡萝卜
适量
白糖、米醋各
少许
香油、植物油
各适量

 烹饪步骤

1. 将荞麦面放入沸水锅中煮约10分钟至熟，捞出放入冰水中投凉，沥干水分，加入植物油拌匀。

2. 将黄瓜、胡萝卜分别洗净，切成细丝；将蟹足棒入油锅中炸至焦黄。

3. 将黄瓜丝、蟹足棒、胡萝卜丝与荞麦面一同放到盆中。

4. 再加入白糖、米醋、香油、植物油搅拌均匀，撒上芝麻即可。

五香羊肉面

使用食材

刀切面250克
羊肉200克
白萝卜50克
葱花、姜片、精
盐、料酒、白
糖、八角、味
精、桂皮各适量
红酱油、植物油
各3大匙

烹饪步骤

1. 将羊肉洗净，切成块；将白萝卜洗净，切成块，与羊肉一同放入沸水中煮熟，拣去白萝卜块、羊肉块，备用，留汤。

2. 另起锅，放入羊肉块、酱油和白糖烧至上色，再加入料酒、葱、姜、八角、桂皮、清水烧沸，用小火焖煮1.5小时，淋入热植物油，制成浇头。

3. 将羊肉汤烧沸后加入精盐、味精、葱花及少许酱油、热植物油调匀，盛入碗中，再将面条煮熟，投入盛有羊肉汤的碗中，然后淋上羊肉浇头即可。

鲜虾云吞面

🍆 使用食材

挂面100克
馄饨皮10张
虾仁150克
猪肥肉50克
海米、紫菜、葱
花、姜末、精
盐、味精、胡椒
粉、鱼露、料
酒、香油、胡椒
粉、高汤各适量

♨ 烹饪步骤

1. 将虾仁洗净，切成块；猪肥肉洗净，切成丁，加入虾块、鱼露、料酒、香油、胡椒粉、姜末拌匀成馅料；取馄饨皮，包入馅料，制成"云吞"。

2. 锅中加入清水烧沸，下入云吞、挂面煮熟，捞出装碗；另起锅，加入高汤、海米、紫菜，调入精盐、味精烧沸，倒入面碗中，撒上葱花即成。

TIPS

做云吞皮用的面团要和得硬一点，尽量多揉，揉到盆光、面光、手光就可以了。

新疆拉面

使用食材

富强面粉500克
新疆过油肉250克
冬瓜块100克
香油1小匙
精盐1/2大匙
高汤1000克

烹饪步骤

1. 将富强粉中加入适量精盐、清水调和成面团，饧15～20分钟，揪成10个面剂。

2. 将面剂搓成10厘米长的小条，摆放整齐，抹上一层香油，稍饧，再分别抻成细条。

3. 将面条放入高汤中煮熟，加入冬瓜块，盛入盘中，再放上新疆过油肉，拌匀即可食用。

TIPS

和面时盐也要适量，盐少了容易断，多了拉不开；面不能硬也不能太软；面和好后要在表面抹上油。

柔软的包子，皮薄馅大、口味多变的饺子，
变着花样将各种主食搬上餐桌，
让全家人都吃得健康、吃得满意。

第四章

包子、饺子

鲅鱼饺子

 使用食材　　 烹饪步骤

冷水面团400克
鲅鱼1/2条
猪肉馅100克
韭菜150克
鸡蛋1个
葱末、姜末各
10克
精盐2小匙
胡椒粉、料酒、
味精、香油各
少许

1. 将韭菜去根和老叶，用清水洗净，沥净水分，切成碎末。

2. 将鲅鱼去掉鱼头、内脏，洗净杂质，用清水漂净血污，捞出沥净水分，将鲅鱼去掉鱼骨，取鲅鱼的鱼肉，切碎。

3. 将鲅鱼肉放在容器内，放入猪肉馅、料酒、精盐和胡椒粉，再加入葱末、姜末、香油、鸡蛋、味精和韭菜末，充分搅拌均匀至上劲成馅料。

4. 将冷水面团制成面剂，再擀成面皮；将调好的馅料用擀好的面皮包好成饺子生坯，放入沸水锅内煮至熟即可。

白菜水饺

使用食材

面粉500克
猪肉250克
白菜150克
姜末15克
精盐、味精、
十三香粉各少许
香油1大匙
植物油3大匙

烹饪步骤

1. 将面粉加入适量清水和成面团，揉匀后略饧。

2. 将猪肉、白菜分别洗净，剁成碎末；将白菜末放入盆中，加入少许精盐腌渍一下，挤出水分，再与猪肉末一同放入容器内，加入姜末、精盐、味精、十三香粉、香油、植物油搅匀成馅料。

3. 将面团搓成长条，揪成剂子，擀成圆皮，包入馅料，捏成半月牙形饺子生坯。

4. 锅中加入适量清水烧沸，下入饺子生坯，手勺在锅中顺一个方向推转，煮沸后点凉水（如此3次），待饺子熟透、鼓起，捞出装盘即可。

碧绿蒸饺

 使用食材

面粉500克
菠菜250克
虾仁200克
猪五花肉150克
葱花、姜末、
胡椒粉、香油
各少许
精盐、酱油各1
大匙
味精1小匙

烹饪步骤

1. 将虾仁去虾线，洗净，切成小粒；将猪五花肉洗净，剁成末，放入碗内，加入葱花、姜末调拌均匀，放入虾仁粒拌匀，再加入少许精盐、酱油、胡椒粉、味精、香油搅匀成馅料。

2. 将菠菜去根、洗净，沥净水分，剁成碎末，放在大碗内，加入精盐拌匀，腌渍约10分钟，挤出水分，留菠菜汁待用。

3. 在面粉中加入菠菜汁和少许清水调匀，揉成面团，稍饧；面团搓成长条状，每50克下8个面剂，擀成圆薄片，包入少许馅料，捏成半月形饺子生坯。

4. 蒸锅加水烧沸，摆上饺子生坯蒸至熟，取出装盘即可。

玻璃蒸饺

使用食材

马铃薯500克
羊肉末150克
葱末、姜末各
5克
精盐1/2小匙
味精、胡椒粉
各少许
淀粉3大匙
羊肉汤2大匙

烹饪步骤

1. 将马铃薯蒸熟去皮，捣成泥，加入淀粉揉成团。

2. 再搓成小条，揪成鸡蛋黄大小的剂子按扁，擀成圆薄皮。

3. 羊肉末内加入精盐、羊肉汤顺一个方向搅匀上劲，再放入胡椒粉、味精、葱末、姜末拌匀成馅。

4. 用擀好的皮包入馅，捏成饺子生坯，入蒸锅蒸25分钟至熟取出即成。

TIPS

　　马铃薯富含淀粉、果胶、蛋白质、钾、柠檬酸、B族维生素、维生素C、食物纤维。常食马铃薯可以强身健体，防治高血压。

翡翠虾仁蒸饺

 使用食材

面粉、菠菜各
500克
猪肉末300克
虾仁粒150克
韭菜末100克
精盐、味精各
1小匙
料酒、酱油、
香油各2小匙
植物油2大匙

烹饪步骤

1. 将菠菜洗净，剁成细末，加入少许精盐，放在净纱布上，包紧，挤出绿菠菜汁，菠菜汁留用。

2. 取一半面粉加适量沸水略烫一下，再加入菠菜汁和另外一半的面粉和成面团，略饧。

3. 将猪肉末、虾仁粒放入容器内，加入所有调料调匀，再放入韭菜末拌匀成馅料。

4. 将面团搓成长条，揪成剂子，按扁，擀成小圆皮，包入馅料，合拢收口，捏成半月形饺子生坯，摆入蒸锅内，用大火蒸至熟即成。

海鲜馄饨

 使用食材

面粉400克
牛肉、虾仁、
韭菜各100克
紫菜20克
葱丝、姜丝、
料酒、酱油、
精盐、味精、
鸡精、泡打粉、
十三香粉、鸡
汤、香油、熟
猪油各适量

烹饪步骤

1. 面粉加水和成略硬的面团，稍饧；牛肉、虾仁、韭菜均切成末；
    紫菜撕成小片。

2. 在牛肉末内加泡打粉、十三香粉调匀，放入虾仁末及鸡汤50克，
    料酒、酱油各1/2大匙，精盐、味精、鸡精各少许，熟猪油15克充
    分搅匀，再放入韭菜末拌匀成馅。

3. 将面团擀成薄片，切成5厘米见方的片，放入馅料，从一边卷起，
    两个角向中间捏紧成馄饨生坯。

4. 锅内加余下的熟猪油，放入葱丝、姜丝炝香，加余下的鸡汤烧
    沸，下入馄饨坯煮至八分熟，下入胡萝卜片及余下的调味料，煮
    至熟即可。

精肉包子

 使用食材

面粉500克
老酵面50克
猪肉350克
葱花50克
葱姜汁、白糖各
适量
酱油、料酒、香
油各适量
食用碱适量

🍲 烹饪步骤

1. 将猪肉洗净，剁成小粒，加入酱油拌匀，再剁成细末，放入碗内，加入葱花、白糖、料酒、葱姜汁、酱油及适量清水搅拌均匀，至肉馅上劲，加入香油拌匀成馅料。

2. 面粉、老酵面混合加入温水和匀，揉搓均匀成面团，稍饧，将面团搓成长条，下成小面剂，擀成面皮，包入馅料，捏合封口，入笼蒸15分钟至熟即成。

TIPS

和面的时候每次少加水，揉面到面皮光滑，然后找块塑料布盖住，等到面团变大，拍起来出现"嘭嘭"的声音，才算是饧好。

韭菜肉馅包子

🍆 **使用食材**

发酵面团450克
韭菜350克
猪五花肉150克
葱末、姜末各
10克
精盐、香油各
2小匙
黄酱1小匙

🥟 **烹饪步骤**

1. 将猪五花肉洗净，剁成肉蓉；韭菜择洗干净，切成末，同猪肉蓉一起放入盆中，加入香油、黄酱、精盐、葱末、姜末搅拌均匀成馅料。

2. 将发酵面团分为4份，搓成小条，揪成面剂，擀成中间稍厚、四周稍薄的面皮，包入馅料，上笼用大火蒸20分钟即成。

> **TIPS**
>
> 　　韭菜含有挥发性精油及硫化物等特殊成分，会散发出一种独特的辛香气味，有助于疏调肝气，增进食欲，增强消化功能。

菊花豆沙包子

 使用食材

发酵面团450克
豆沙馅350克
食用红色素少许
食用碱水1小匙

烹饪步骤

1. 将发酵面团加入食用碱水揉透,搓成条,揪成10个面剂,逐一按扁,包入适量豆沙馅料,收口捏拢,封口朝下放入屉中。

2. 将豆沙包上笼用大火蒸熟,取出,趁热剥去外皮,用剪刀自下而上剪出一层层叶瓣直至中心。

3. 剪时上面一瓣花瓣必须在下面第二瓣的当中,在顶部中心刷上少许红色素即可。

TIPS

豆沙含有较多的膳食纤维,具有良好的润肠通便、降血压、降血脂、调节血糖、解毒抗癌、预防结石、健美减肥的作用。

梅干菜包子

使用食材

发酵面团400克

梅干菜150克

猪肉馅100克

冬笋25克

小葱50克

姜块10克

味精、胡椒粉、香油各少许

白糖2小匙

料酒、酱油各2大匙

水淀粉1大匙

烹饪步骤

1. 梅干菜用清水浸泡至软，再换清水反复漂洗干净，捞出沥净水分，切成碎粒；小葱择洗干净，切成末；姜块去皮、洗净，切成碎末；冬笋洗净，切成碎末。

2. 猪肉馅放入容器中，先加入料酒调匀，再放烧热的油锅中翻炒一下，然后倒入梅干菜末，放入姜末、冬笋末和葱末翻炒均匀。

3. 再加入料酒、酱油、白糖、胡椒粉炒至入味，加少许清水和味精，用水淀粉勾芡，出锅倒入容器中凉凉，加入香油拌匀成馅料。

4. 把发酵面团放在案板上揉搓均匀，揪成小面剂，再擀成面皮；放入调好的馅料，捏褶收口成包子生坯，摆放入蒸屉中，静置10分钟，再放入沸水蒸锅中蒸熟即可。

梅花饺

 使用食材

 烹饪步骤

面粉200克
猪肉馅150克
鸡蛋清1个
鸡蛋黄2个

1. 将鸡蛋蒸熟取出蛋黄，切成碎末；面粉用温水调和揉成面团。

2. 将面团揉匀、搓条，揪成剂子，用擀面杖擀成直径8厘米的圆皮。

3. 将圆皮四周涂上蛋清，放上猪肉馅，再将圆皮按五等份向中间捏拢成五个角，捏紧成五条边，然后用小剪刀将五条边剪齐，再将每条边统一向里卷起，卷向中心与第二条边相连时，用蛋清粘牢，共圈成五个小圆孔。

4. 将圆孔向外微扩成梅花饺子生坯，再把蛋黄末均匀地填入圆孔中，上笼蒸6分钟即可。

蘑菇鸡肉饺

🥢 使用食材

面粉500克
鸡肉、鲜蘑各
300克
葱末30克
姜末20克
精盐、鸡精、
味精、料酒、
鲜汤、香油、
熟猪油适量

🍲 烹饪步骤

1. 面粉加适量清水和成面团，略饧。

2. 将鸡肉洗净，剁成末；鲜蘑洗净，放入沸水锅中焯一下捞出，剁碎，挤去水分。

3. 将鸡肉末内加入所有调味料拌匀成馅料。

4. 面团搓成长条，揪成小剂子，按扁擀成圆皮，包上馅料，合拢捏成半圆形饺子生坯，下入沸水锅内煮6分钟，中间点两次凉水，至熟即成。

南瓜包

 使用食材

 烹饪步骤

南瓜750克
糯米粉、豆沙各
500克
澄面250克
淀粉150克
吉士粉、白糖各
90克
可可粉2大匙
植物油1大匙

1. 将南瓜洗净，削去外皮，切开去掉瓜瓤及籽，切成厚片，放入蒸锅，用大火蒸30分钟至熟烂，取出凉凉，捣成泥；将豆沙撒上少许淀粉搓成长条状，切成每个10克的馅心；将南瓜蓉放入盆内，加入白糖、吉士粉和少许清水调拌均匀，加入糯米粉、澄面150克和淀粉调拌均匀，再揉成面团，搓成长条，揪成小剂子，按扁成皮，再包入豆沙馅收口；放在案板上滚成圆球状，用牙签在表面压出南瓜条纹。

2. 将100克澄面放入盆内，倒入沸水烫熟，加入可可粉揉成面团。

3. 将澄面团搓成细条，切成0.5厘米长的小块，插在南瓜生坯上成蒂柄。

4. 将生坯放在刷有植物油的箅子上，入蒸锅蒸15分钟即可。

青椒猪肉蒸饺

使用食材

黑米粉500克
猪肉末、青椒、
黄瓜各适量
葱末、姜末、精
盐各适量
味精、料酒、五
香粉各适量
鸡精、香油、植
物油各适量

烹饪步骤

1. 将一半黑米粉加沸水和成烫面，再加入适量清水和余下的黑米粉和成面团，略饧。

2. 将青椒、黄瓜洗净，切成末，撒上精盐略腌，挤去水分；将猪肉末放入碗中，加入调料搅匀，再放入黄瓜末、青椒末拌匀成馅。

3. 将面团搓成条，揪成剂子，擀成薄皮，包入馅料，捏成半月形饺子生坯，摆入蒸锅蒸熟即成。

清真玉面蒸饺

玉米面、面粉、
牛肉、白萝卜
各300克
葱末、姜末各15克
精盐、味精、鸡
精、胡椒粉、五香
粉、泡打粉、料
酒、香油各少许
酱油1大匙
鸡汤、花椒油各
2大匙

烹饪步骤

1. 将玉米面、面粉、泡打粉一同拌匀，加温水和成面团，略饧。

2. 将白萝卜去皮，洗净，剁碎，撒入精盐略腌，挤去水分；将牛肉洗净，剁成肉末，放入容器内，加入所有调料搅匀，再加入白萝卜碎末拌匀成馅。

3. 将面团搓成长条，揪成剂子，按扁擀成圆薄皮，包入上馅料，捏成饺子生坯，摆入蒸锅内蒸熟即成。

肉三鲜水饺

 使用食材

🍲 烹饪步骤

面粉500克
猪五花肉400克
韭菜150克
海米15克
姜末10克
精盐1小匙
味精1/2小匙
十三香粉1克
鲜汤1大匙
酱油、熟植物油
各20克

1. 将面粉放入容器内，加入用精盐1/4小匙调成的淡盐水和成面团，饧透。

2. 将猪五花肉洗净，剁成肉末；将韭菜择洗干净，切成末；将海米切成末；将猪肉末放入容器内，加入所有调料顺一个方向充分搅匀，再加入海米末、韭菜末拌匀成馅。

3. 将面团搓成长条，揪成大小均匀的小剂子，按扁擀成圆薄皮，包入馅，捏成半圆形的饺子生坯。

4. 锅内加水烧沸，下入饺子生坯，用中火烧开，点凉水两次，熟透即可。

速蒸麻糖包

 使用食材

面粉500克
枣泥150克
芝麻粉50克
白糖75克
香甜泡打粉10克

🍲 烹饪步骤

1. 将面粉与香甜泡打粉放一起和匀,加温水和成面团。

2. 将芝麻粉与白糖、枣泥混合在一起拌匀成馅。

3. 将面团揉匀后揪成每个重20克的剂子,按扁擀成圆皮,包入馅封上口,团成球状,上蒸锅内,用中火蒸15分钟即成。

TIPS

　　枣泥营养丰富,含有多种维生素和有机酸,有止血、补血、滋阴的功效。

天津包子

使用食材

面粉800克
酵面80克
猪肉馅500克
葱末、姜末各
25克
酱油100克
味精、碱各1
小匙
猪骨汤400克
香油75克

烹饪步骤

1. 将面粉加酵面用温水和成膨松面团，待发起后，用碱水揉匀，饧发10分钟。

2. 将猪肉馅、酱油、猪骨汤、味精、葱末、姜末、香油搅匀成馅料。

3. 将面团搓成长条，揪成剂子，擀成圆皮，包入馅料，收口做成菊花状，放入蒸锅内，用大火蒸至熟即成。

虾肉锅贴

 使用食材

 烹饪步骤

面粉250克
虾肉馅500克
植物油3大匙

1. 将面粉用温水和成面团，揉透，稍饧片刻，揪成40个面剂，擀成圆皮；将虾肉馅包入圆皮内，捏成半月形蒸饺生坯。

2. 将平底锅烧热，刷上一层薄油，锅离火，再将饺子生坯整齐地放入锅内，盖上锅盖，上火稍煎片刻，加入适量凉水，用中火焖煎，边煎边转动平底锅，使之受热均匀，待水快干时放入植物油继续煎，待饺子呈金黄色，表皮有弹性时即可。

鲜汤香菇包

 使用食材

面粉500克
鸡肉300克
香菇、肉皮冻
各100克
葱末、姜末各
20克
料酒1大匙
精盐1小匙
味精2克
五香粉1克
植物油20克

烹饪步骤

1. 将面粉用沸水烫一半，再加入温水和另一半面粉和成面团，略饧；将鸡肉、香菇剁成末；将肉皮冻切丁。

2. 在鸡肉末内加入调料顺一个方向搅匀，再加入香菇末、肉皮冻丁拌匀成馅料。

3. 将面团搓成长条，揪成剂子，按扁，擀成圆薄皮，包入馅料，收口提褶，捏成圆形包子坯，摆入蒸锅内，用大火蒸约15分钟至熟即成。

TIPS

香菇营养丰富，有降血压、降胆固醇、降血脂的功效。

鲜汤羊肉包

 使用食材

面粉500克
羊肉末400克
鸡汁冻200克
葱末、姜末各
50克
精盐、味精、
五香粉各少许
料酒2小匙
酱油、香油各
1大匙
熟猪油2大匙

烹饪步骤

1. 将面粉加入温水和成面团，揉匀后略饧。

2. 将羊肉末加入料酒、酱油、葱末、姜末、香油、熟猪油、精盐、味精、五香粉调匀。

3. 将鸡汁冻切成碎粒，放入羊肉末内调匀成馅料。

4. 面团搓成长条，揪成剂子，按扁擀成圆皮，放入馅料，提褶收口，捏紧成包子生坯，摆入蒸锅内，用大火蒸约15分钟至熟即成。

TIPS

羊肉肉质细嫩，易消化吸收，多吃羊肉有助于提高身体免疫功能。

蟹肉小笼包

使用食材

中筋面粉200克
猪五花肉150克
螃蟹2个
葱花30克
精盐、鸡精各
适量
白糖、胡椒粉、
香油各适量
熟猪油200克

烹饪步骤

1. 将面粉放在盆内，加入熟猪油80克拌匀，再倒入适量清水，揉搓均匀成较软的面团，盖上湿布，稍饧片刻；将螃蟹洗净，上屉用大火蒸10分钟至熟取出，剔出蟹肉；将猪五花肉去除筋膜，洗净，擦净表面水分，剁成肉蓉；放入碗中，加入葱花、精盐、白糖和鸡精调拌均匀，再加入胡椒粉、香油、熟猪油和蟹肉搅拌均匀，制成馅料。

2. 将面团分成12等份，放在案板上，用擀面杖擀成圆形面皮。

3. 取1张面皮，中间包入适量馅料，捏合收拢成小笼包生坯。

4. 蒸锅加水，置大火上烧沸，放入小笼包蒸约8分钟至熟即可。

牛肉萝卜包子

 使用食材

面粉750克
牛肉、萝卜各
400克
泡打粉15克
姜末、葱末、精
盐、十三香粉、
味精、料酒、酱
油、鸡汤、熟猪
油、香油各适量

烹饪步骤

1. 将萝卜洗净，切丝，用精盐略腌，挤水，切碎末。

2. 将牛肉洗净，剁成末，分次加入料酒、酱油、鸡汤、精盐、味精、十三香粉、葱末、姜末、熟猪油、香油搅匀，再放入萝卜末拌匀成馅料。

3. 在面粉中加泡打粉拌匀，用温水和成面团，略饧，搓成长条，揪成剂子，擀成圆皮，包入馅料捏成包子生坯，入蒸锅蒸熟即成。

胶东炉包

 使用食材

水发面500克
韭菜末300克
肥瘦猪肉丁200克
葱末、姜末、精
盐、酱油、味
精、植物油各
适量

烹饪步骤

1. 将肥瘦猪肉丁加入葱末、姜末拌匀，下入热油锅中炒至半熟，再加入酱油、精盐、味精搅匀，出锅放入韭菜末、植物油拌匀成馅料。

2. 水发面制成20个剂子，擀成厚皮，包入馅料，收口呈菊花状，放入平煎锅中煎至底面皮硬。

3. 随即加入沸水100克，再加盖焖煮至熟，然后淋入植物油，煎至金黄色即可。

山东风味大包子

🥕 使用食材

发酵面团400克
五花肉丁200克
水发冬菇、冬笋、
四季豆各75克
水发粉条段50克
鸡蛋1/2个
葱花、姜末、黄
酱、酱油、精盐、
淀粉、白糖、胡椒
粉、水淀粉、植物
油各适量
料酒2大匙
香油3小匙

🍲 烹饪步骤

1. 将冬笋洗净，改刀切成小丁；将水发冬菇去蒂，洗净，切成丁；四季豆撕去豆筋，切成碎末。

2. 将五花肉丁放容器内，加入鸡蛋、淀粉搅匀。

3. 锅中加油烧热，炒香葱花，再放入肉丁、冬菇、冬笋、少许料酒、四季豆炒熟，取出；锅中加油烧热，加入用料酒调开的黄酱、酱油炒匀，再加入清水、白糖、胡椒粉；放入炒好的食材和宽粉段，用水淀粉勾芡，关火，淋入香油后出锅，凉凉成馅料。

4. 将发酵面团制成20个剂子，擀成圆皮。

5. 将炒好的馅料包入擀好的面皮中，制成包子生坯，饧5分钟。

6. 再入锅蒸10分钟至熟即可。

蒸出花样百出的馒头，造型生动增加食欲；
热气腾腾，蒸出的不仅是喷香的主食，
还有蒸蒸日上的事业。

第五章

馒头、花卷

风味腊肠卷

 使用食材

 烹饪步骤

低筋面粉150克
广式腊肠12根
泡打粉8克
白糖5小匙
叉烧酱3大匙
高粱酒、蚝油
各1/2大匙
植物油少许

1. 将广式腊肠洗净，放入沸水锅内焯烫一下，捞出沥水后放在容器内，加入叉烧酱、高粱酒、蚝油拌匀；将低筋面粉加入白糖、泡打粉拌匀，再加入适量清水调匀，揉和成面团，盖上湿布稍饧，再加入少许低筋面粉揉匀。

2. 将面团均匀地分切成12份，搓成长约12厘米的长条。

3. 取1段广式腊肠，用1条面团环绕在腊肠上，制成1个腊肠卷。

4. 待全部完成后，码放在箅子上，刷上植物油，饧15分钟。

5. 蒸锅上火烧沸，放入腊肠卷，用大火蒸约20分钟至熟即可。

黑米面馒头

 使用食材

黑香米粉500克
黄豆面、白糖、
桂花糖各适量
泡打粉10克

🍲 烹饪步骤

1. 将黑香米粉、白糖、桂花糖、泡打粉、黄豆面拌匀，加入温水揉成面团，搓成粗条，再揪成剂子。

2. 取一个剂子揉捏均匀，再搓成圆球，用右手食指在圆球中间按一个坑，边按边转动手指，在圆球内按出一个均匀的坑洞。

3. 同时以左手拇指根部并用中指协助捏拢，形成上小下大的圆锥形，至表面光滑时摆在笼屉内，入蒸锅用大火蒸约15分钟至熟，取出即成。

香芋糯米卷

🍆 使用食材

糯米300克
香芋1个
白糖3大匙
精盐、香芋油各
1小匙
味精1/2小匙
胡椒粉少许
熟猪油2大匙

🍲 烹饪步骤

1. 将糯米用清水浸泡1小时后洗净，上笼蒸熟，再加入精盐、熟猪油、味精、香芋油拌匀成馅料。

2. 将香芋去皮，洗净，切成薄片，再包上糯米馅，卷起后放入蒸笼蒸5分钟即可。

TIPS

　　香芋有散积理气、解毒补脾、清热镇咳的作用。香芋中的聚糖能增强人体的免疫功能，增加对疾病的抵抗力，长期食用能解毒、滋补身体。

菱粉拉皮卷

🥢 使用食材

菱粉400克
玫瑰香精4滴
白糖100克
可可粉1大匙
植物油1大匙

🍲 烹饪步骤

1. 将菱粉过筛，放入容器内，用适量沸水冲拌至熟，搅拌均匀后加入白糖、玫瑰香精揉和成粉团。

2. 取一半揉搓好的粉团，加入可可粉，继续揉成咖啡色的粉团。

3. 案板上抹上少许植物油，分别将咖啡色粉团和白色粉团擀成30厘米长的方形薄片，两片合在一起，卷成筒形，切成小段，刀口朝上，装盘即可。

TIPS

    菱粉富含铜、钾，有祛脂降压、健脾养胃的功效，适宜脾虚乏力、暑热烦渴、消渴的人群。

牛肉花卷

 使用食材

面粉500克
牛肉300克
泡打粉10克
葱末、姜末各
10克
精盐、十三香
粉、酱油、料
酒、香油、植
物油各适量

烹饪步骤

1. 将牛肉洗净，剁成肉蓉，加入葱末、姜末、酱油、料酒、精盐、十三香粉、植物油、香油调成馅料。

2. 将面粉放入泡打粉拌匀，再加入适量温水和成面团，稍饧后擀成大片。

3. 将馅料倒在面片上抹匀，将面片相对折叠，切成小长条，再抻长卷起，制成花卷生坯，然后放入蒸锅大火蒸约15分钟至熟即可。

TIPS

牛肉可提供高质量的蛋白质，含有全部种类的氨基酸，有增长肌肉、增加免疫功能、补铁补血、抗衰老的功效。

陕西肉夹馍

🍆 **使用食材**

面粉500克
酵面50克
食用碱3克
羊肉300克
青椒20克
香菜15克
精盐、白糖、
姜块、葱段、
料酒、老抽、
羊骨汤各适量
调料包1个

🍽 **烹饪步骤**

1. 将酵面用温水化开，放入面粉内和成面团，静置发酵，发酵的面团内加入食用碱，反复揉匀至不粘手。

2. 将面团搓成长条，揪成每个重约50克的剂子，擀成直径约10厘米的圆饼坯，放入烤盘内，入烤箱烤约15分钟至熟。

3. 将羊骨汤、料酒、老抽、精盐、白糖放入锅内，再放入葱段、姜块、调料包熬煮成卤汤，捞出调料包、葱、姜。

4. 将羊肉放入卤汤内，用中火煮至熟烂捞出，同青椒、香菜一起剁碎，浇上点煮肉卤汤拌匀；烤熟的馍从中间切开，均匀地夹入碎肉菜即成。

特色泡馍

使用食材

烤馍2个
羊肉500克
葱花15克
精盐、味精各少许
调料包1个（八角、桂皮、茴香各3克，丁香、香叶、花椒、胡椒各1克）
羊骨汤1500克
粉丝、木耳各适量

烹饪步骤

1. 将羊骨汤放入锅内，加入洗净的羊肉，再加入精盐和调料包烧沸，转小火煮至羊肉熟，捞出羊肉凉凉，切成厚片。粉丝焯烫，捞出沥干水分；木耳泡发，撕片。

2. 把烤馍切成小块，放入大碗内，再放入羊肉片、粉丝、木耳片，添入烧沸的羊肉汤，撒上葱花，加入味精调匀即成。

TIPS

在寒冷干燥的季节，脾胃虚弱的人多吃温热性的羊肉泡馍可以养胃健脾，还能强肾。

甜花卷

🍆 **使用食材**

面粉500克
白糖3大匙
泡打粉2小匙
植物油4大匙

🍲 **烹饪步骤**

1. 将面粉加入泡打粉搅拌均匀。

2. 将白糖放在热水中溶化，倒入面粉中和成软面团略饬。

3. 将面团擀成大片，抹上一层植物油，面片相对折叠，切成条，将3根面条放在一起，用手捏住两头卷成花卷，放入蒸锅内，用大火蒸15分钟至熟即成。

TIPS

泡打粉和面要按比例混合，一般是1000克面粉需要泡打粉20到25克左右。

黑面菜团子

 使用食材

黑米面300克
胡萝卜、冬笋、
菠菜各50克
鸡蛋1个
泡打粉1小匙
精盐、排骨精
各1/2小匙
熟猪油1大匙

烹饪步骤

1. 将胡萝卜、冬笋、菠菜分别择洗干净，均切成碎末，放入盆中，加入精盐、排骨精、熟猪油拌匀成馅料。

2. 将黑米面放入泡打粉拌匀，再放入搅散的鸡蛋液，加入适量温水和成软面团。

3. 将面团揪成剂子，按扁，包入馅料成团子，放入蒸锅内，用大火蒸熟即可。

金银花卷

 使用食材

面粉400克
酵面100克
鸡蛋黄少许
食用碱、植物油
各1/2小匙

烹饪步骤

1. 将一半面粉加入酵面，温水和成面团发酵，另一半面粉加入鸡蛋黄及温水和成面团，略饧。

2. 把发好的酵面团加入食用碱揉匀，擀成长形薄片，刷上一层植物油。

3. 将和好的蛋黄面团擀成大片，叠放在发酵面片上面，再刷上植物油，由外向里卷起，搓成细条。

4. 细条切成小段，刀口向上，两段合在一起，用筷子由中间夹一下，即成花卷生坯，摆入蒸锅内，用大火蒸约15分钟至熟即成。

马铃薯卷糕

 使用食材

 烹饪步骤

马铃薯、豆沙馅
各500克
淀粉75克
白糖3大匙

1. 将马铃薯蒸熟，去皮后压成泥，用淀粉作补面将马铃薯泥擀成1厘米厚的长方片。

2. 在豆沙馅内加入白糖拌匀，搓成条，放在马铃薯片上，卷成直径约3厘米粗的卷。

3. 把马铃薯卷放在盘内，入蒸锅蒸20分钟取出，斜切成段即成。

米面牛蹄卷

 使用食材

面粉650克
小米面350克
红枣100克
酵面50克
食用碱10克
白糖少许
植物油适量

烹饪步骤

1. 把酵面放入碗内，加入少许清水调溶；食用碱加入温水调匀；红枣洗净，沥水，去掉核，放入沸水锅中煮至皮开，捞出。

2. 把小米面、面粉混拌均匀，取800克放入盆中，加入酵面、碱水及适量清水，和成较硬的面团，饧30分钟。

3. 将发酵面团加入剩余面粉和白糖揉匀，擀成长方形薄片，先切成6厘米宽的长片，再切成4厘米宽的正方形小片。

4. 每片两头各放红枣1枚，从一侧卷起后对折成牛蹄卷生坯，放在刷有植物油的箅子上饧约30分钟。

5. 再放入蒸锅内，用大火蒸20～25分钟至熟即成。

奶香黄金卷

 使用食材

 烹饪步骤

玉米粒、瓜子仁
各100克
面包糠200克
鸡蛋2个
白糖、蜂蜜、
炼乳各4小匙
淀粉100克
植物油500克

1. 将玉米粒、瓜子仁、白糖、蜂蜜、炼乳搅拌均匀，制成馅料。

2. 将鸡蛋磕入碗中，搅散；将搅好的馅料放在威化纸上卷成长方条，再拍匀淀粉，蘸上蛋液，挂上面包糠，制成"黄金卷"。

3. 锅中加油烧热，待油温成熟时放入黄金卷炸成金黄色至熟透，捞出沥油，即可。

TIPS

面包糠是一种广泛使用的食品添加辅料，用于油炸食品表面，其味香酥脆软、可口鲜美、营养丰富。

糯沙凉卷

使用食材

糯米粉500克
豆沙馅300克
熟芝麻100克
白糖200克
熟猪油3大匙

烹饪步骤

1. 将糯米粉加入白糖、清水搅拌搓匀，摊开放入盘中，上屉蒸约25分钟至熟，取出凉凉，加入熟猪油搓匀，揉成面团，稍饧。

2. 将面团放在案板上，擀成长方形薄片，再均匀地加入豆沙馅。

3. 撒上熟芝麻，然后卷成卷，切成约3厘米长的小段即可。

TIPS

糯米粉有补虚、补血、健脾暖胃、止汗等作用，适用于脾胃虚寒所致的反胃、食欲减少、泄泻和气虚引起的汗虚、气短无力、妊娠腹坠胀等症。

趣味花卷

🍆 使用食材

面粉500克
玉米面150克
鸡蛋液适量
海米10克
葱花50克
精盐1小匙
植物油适量

🍲 烹饪步骤

1. 将面粉、鸡蛋液和清水和成面团，稍饧后揪成大面剂，撒上少许玉米面，擀成大片。

2. 在大面片上抹一层植物油，撒上少许玉米面，再撒上葱花、精盐和海米卷起，切成大小相同的剂子。

3. 将两个剂子放在一起，中间约夹一下形成蝴蝶形状制成花卷生坯，放入蒸锅内，沸水后用大火蒸10分钟至熟即可。

双色卷

🍆 **使用食材**

面粉500克
泡打粉、酵母各
5克
糖水适量
可可粉2大匙

🍲 **烹饪步骤**

1. 将面粉放在案板上，中间扒一凹坑，放入酵母、泡打粉、糖水揉和成面团，取一半面团加入可可粉调揉棕色面团。

2. 将两块面团分别擀成薄片，刷上油，叠在一起，成双层皮，再擀薄，由外向里卷起成长卷，用刀切断成花卷生坯。

3. 将花卷生坯放入蒸笼中饧发15分钟，再用大火蒸5分钟即可。

香葱花卷

 使用食材

面粉500克
香葱末250克
酵母粉10克
精盐、味精各
1小匙
葱花、胡椒粉、
香油、植物油
各适量

🍲 烹饪步骤

1. 将面粉加入清水、酵母粉揉匀成团，用湿布盖严，饧30分钟成发酵面团。

2. 锅中加植物油烧热，炒香葱花，倒入碗中，加精盐、味精、胡椒粉、少许香油拌成香葱汁。

3. 将发酵面团擀成面片，刷上植物油，涂抹上香葱汁，对向折起，再刷油，撒上葱花。

4. 将面团切成条，反方向拧上劲呈花卷状，饧30分钟，入锅蒸至熟即可。

香麻花卷

🍆 使用食材

面粉500克
泡打粉2小匙
精盐1/2小匙
芝麻酱、植物油
各2大匙

🍲 烹饪步骤

1. 将泡打粉放入面粉中拌匀，加入适量温水和成面团，略饧。

2. 将芝麻酱、植物油、精盐放入碗中调拌均匀。

3. 将面团揉匀，擀成大片，涂抹上调好的芝麻酱，对折后切成小段，卷成花卷生坯。

4. 蒸锅加入清水烧沸，摆入花卷生坯，用大火足汽蒸约15分钟至熟即成。

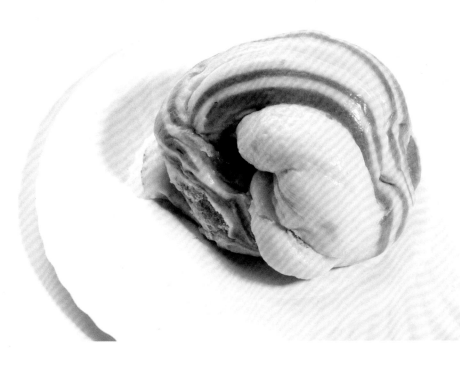

椒香花卷

 使用食材

面粉500克
泡打粉2小匙
精盐、十三香粉
各1/5小匙
植物油2大匙

 烹饪步骤

1. 面粉中加入泡打粉拌匀，再加入适量温水和成软硬适度的面团，饧约10分钟。

2. 面团放在案板上，擀成大薄片，刷上一层油，撒上精盐、十三香粉抹匀。

3. 再由外向里卷叠三层，切成条状，用手拧成花卷坯，摆入蒸锅内，用大火蒸约15分钟至熟，取出即成。

芸豆卷

 使用食材

芸豆500克
豆沙馅250克
京糕条（山楂
糕）200克
熟白芝麻适量
白糖1大匙
香菜段少许

烹饪步骤

1. 把芸豆去掉杂质，放入清水中浸泡至发涨，取出去皮，漂洗干净；将芸豆放入清水锅中，用中小火煮20分钟，捞出，再放入蒸锅中蒸20分钟；取出芸豆，放入细箩中，碾搓成芸豆泥，然后放入容器中揉搓均匀；取保鲜膜铺平，放入适量芸豆泥按扁成长方形，两边放上京糕条。

2. 再撒上熟白芝麻和白糖，从两侧向中间对卷成卷，切成小块，装入盘中一侧。

3. 另取芸豆泥按扁，放上豆沙馅，撒上熟白芝麻、白糖，卷成卷，切成小块，装入盘中另一侧，撒上香菜段上桌即可。

阵阵的诱人香,
收服人心的滋味,
做出面饼、糕团,让你餐餐吃出美味与健康。

第六章

面饼、糕团

白筋饼

 使用食材

面粉600克
熟猪油75克
香油20克

🍲 烹饪步骤

1. 将面粉加入沸水烫好，再加入熟猪油揉匀成面团，略饧。

2. 将面团揉匀，取一半搓成长条，分成10个大小均匀的小剂子，蘸匀香油。

3. 将余下面团搓成长条，揪成10个大小一致的剂子按扁，包入一块蘸香油的剂子，包紧。

4. 将平底锅上火烧热，包好的饼剂擀成大圆饼坯，放入平底锅内烙制，不刷油，见饼两面出芝麻花点、鼓起时即熟。

菠菜饼

菠菜50克
鸡蛋2个
面粉150克
虾仁10克
精盐1小匙
味精1/2小匙
熟猪油50克

🍲 烹饪步骤

1. 将菠菜择洗干净，用沸水略焯，捞出后切成末。

2. 将鸡蛋打散，加面粉，放入菠菜末、虾仁、精盐、味精和适量清水拌匀成厚面糊。

3. 炒锅上火烧热，加入少许熟猪油烧至七成热，再放入面糊，用锅铲旋锅成圆饼。

4. 用小火煎至一面面饼呈淡黄色，淋入熟猪油，再煎另一面，至另一面呈淡黄色即成。

蛋肉麦饼

🍆 **使用食材**

面粉500克
鸡蛋液少许
猪肉末150克
葱花、精盐、
味精各适量
料酒、酱油、
熟猪油各适量

🍲 **烹饪步骤**

1. 将猪肉末加葱花、酱油、味精、料酒拌匀成馅料。

2. 在面粉内加入精盐、清水和成面团，揪成面剂，每个捏成窝形，放入馅料，收口捏拢，用手轻轻压平，擀成薄饼。

3. 锅中加熟猪油烧热，放入薄饼烙至八分熟，在饼边划个小口，用筷子插入饼内，将饼的两层分离，鸡蛋液注入饼内，翻动麦饼烙熟即成。

香甜五仁饼

🍆 使用食材

面粉400克
熟核桃仁、
熟花生仁、
熟瓜子仁、
熟松子仁各
50克
熟芝麻40克
白糖75克
花生油75克

🍲 烹饪步骤

1. 将熟核桃仁、花生仁、瓜子仁、松子仁、芝麻均切碎，放入同一容器内，加入白糖拌匀成五仁馅料；把面粉放入另一容器内，加温水和成略软的面团，稍饧。

2. 把面团搓条，下剂，擀成饼皮，包入五仁馅料，封口捏紧成球状，再按扁擀成圆饼坯。

3. 平底锅内加花生油烧热，放入饼坯，用小火烙至底面呈微黄时翻面，烙至两面皮酥、熟透，铲出装盘即成。

风味夹肉饼

 使用食材

中筋面粉500克
猪五花肉250克
大葱150克
姜末5克
精盐、味精各
1小匙
鲜汤150克
植物油200克

烹饪步骤

1. 将面粉加入清水调匀，揉成面团，用湿布盖严，饧30分钟；把大葱择去根和老叶，洗净，沥去水分，切成细末。

2. 将猪五花肉洗净，切成黄豆大小的粒，然后剁成猪肉蓉，放入容器内，慢慢加入鲜汤调匀，再加入葱末、姜末、精盐、味精、少许植物油拌匀成馅料。

3. 将饧好的面团分成两大块，擀成长方形大面皮，抹上馅料，分别由左至右叠成4层，将两边压紧成肉饼生坯。

4. 平锅加入植物油烧热，下入肉饼生坯烙至色泽金黄且熟透，出锅切小块即可。

黑芝麻饼

 使用食材

面粉500克
熟黑芝麻150克
精盐1/2小匙
花生油200克

烹饪步骤

1. 把精盐放入沸水内溶化后，倒入面粉内和成软面团，揉匀后略饧。

2. 把面团擀成大薄片，刷上一层花生油，再撒上熟黑芝麻，撒匀后从一边卷起成芝麻面卷，再切成每个重约150克的剂子；每个剂子从两端刀切面按扁，再分别向中间对折，再按扁，擀成圆饼坯。

3. 平底锅烧热，刷上花生油，放入擀好的饼坯，用小火慢慢煎烙，边烙边往饼面上刷油，烙至饼面上起均匀小泡时翻面，刷上花生油，继续烙至饼鼓起，再翻面略烙至熟透，铲出装盘；食用时从中间切开即成。

鸡丝炒饼

 使用食材

 烹饪步骤

面粉150克
鸡脯肉100克
胡萝卜、油菜、
水发木耳各40克
鸡蛋清半个
料酒、葱、姜
汁、精盐、味
精、鸡精、蒜
片、淀粉各适量
熟猪油5大匙
鸡汤3大匙

1. 在面粉内加入少许精盐拌匀，加温水和成略软的面团稍饧，分成两个剂子，擀成圆饼坯。

2. 平底锅烧热，刷上熟猪油，放入饼坯，烙至两面呈金黄色至熟取出，切成均匀的丝。

3. 将鸡脯肉、胡萝卜、油菜、木耳均切成丝；将鸡肉丝用少许精盐与鸡蛋清、淀粉拌匀上浆。

4. 锅内加熟猪油烧至四成热，下入鸡丝滑至断生，下入胡萝卜丝、油菜丝、木耳丝炒熟，再下入饼丝及余下的全部调料炒透即成。

金丝饼

 使用食材

中筋面粉1000克
碱面少许
精盐少许
植物油、香油
各适量

烹饪步骤

1. 把碱面放入碗内，加入少许温水调匀，过滤去杂质成碱水；中筋面粉放盆内，加少许精盐、碱水调匀，再用温水和成面团；用湿布盖严，饧30分钟至涨发，加入少许面粉揉搓均匀；饧好的面团搓条，用抻面的方法，反复将面抻成细丝；把面丝放在案板上，撒上少许面粉，刷上香油，分切成20份；每份面丝盘成直径6厘米大小的圆形，轻轻按压成饼坯。

2. 平锅刷上少许植物油烧至六成热，放入加工好的饼坯。

3. 用中火烙至两面呈金黄色，取出圆饼，用干净热湿布盖严。

4. 再上屉用大火蒸约2分钟即成。

牛肉火烧

 使用食材

面粉500克
牛外脊肉400克
酵母粉5克
小苏打3克
大葱、姜块各
50克
精盐、酱油、
香油各1小匙
味精、植物油
各1大匙
牛腰油4大匙

 烹饪步骤

1. 将面粉加入酵母粉、小苏打及温水揉成面团，饧30分钟；大葱洗净，切成碎粒；姜块去皮、洗净，切成细末；把牛外脊肉用清水浸泡、洗净，捞出沥水，剁成牛肉蓉；牛肉蓉放入容器内，放入牛腰油搅拌均匀，加入香油及适量冷水搅拌均匀，加入葱姜末、精盐、味精、酱油调拌均匀制成馅料。

2. 将饧好的面团分成两大块，搓成长条，每30克下一个面剂。

3. 在面剂中间用手按个窝，放入馅料捏紧封口，再按两下成火烧生坯。

4. 平底锅内刷上少许植物油烧热，转小火，放入火烧生坯。

5. 煎烙至两面呈金黄色、熟透时，取出沥油即成。

牛肉馅饼

 使用食材

面粉600克
牛肉、牛奶各
500克
洋葱200克
葱末、姜末各50克
精盐、花椒粉
各1小匙
味精、酱油、香
油、植物油各1
大匙

烹饪步骤

1. 将面粉放入盆内,加入牛奶搅匀,揉成面团,饧30分钟;洋葱去皮,用清水浸泡10分钟,捞出沥水,切成碎末。

2. 将牛肉去筋膜、洗净,捞出沥去水分,剁成牛肉馅,放入容器内,加香油及少许冷水,顺一个方向搅上劲,加洋葱末、葱末、姜末、酱油、精盐、味精、花椒粉、植物油拌匀。

3. 将饧好的面团搓成条状,每100克下一个剂子,擀成圆皮,中间放适量馅料,扯起面皮的一角,一个褶一个褶向前捏,待捏到中间时,留出一个小圆口,即成牛肉馅饼生坯。

4. 平锅加入少许植物油烧热,将馅饼开口朝上放入,按扁;用小火煎约6分钟至两面呈金黄色,取出沥油即可。

千层酥饼

面粉600克
白糖2大匙
蜜玫瑰70克
熟猪油适量

🍲 **烹饪步骤**

1. 取面粉100克放入盘内，上屉蒸10分钟至熟，取出凉凉。蜜玫瑰剁碎，加入白糖、熟猪油50克、熟面粉拌匀成馅；取面粉300克加水调成糊，再加熟猪油搅匀，揉成水油面团；放入盆内，盖上湿布稍饧一会儿；余下的面粉加入熟猪油和匀，制成油酥面团。

2. 水油面、油酥面分别下12个面剂，用水油面包入油酥面；擀成牛舌片，叠成3叠，再擀成圆形面片，中间包入馅料；剂口朝下擀压成厚圆形饼坯，即成千层酥饼生坯。

3. 锅中加入少许熟猪油烧至四成热，放入饼坯煎炸约10分钟。

4. 待酥饼呈金黄色且熟透时，捞出沥油即可。

如意三丝卷饼

 使用食材

 烹饪步骤

猪肉50克
韭菜50克
土豆250克
面粉150克
火腿、葱花、
姜末各50克
酱油2大匙
味精、香油、
精盐、胡椒粉、
植物油各适量

1. 将猪肉洗净，顺切成丝；韭菜洗净，切成段；把土豆去皮洗净，切丝；将火腿切丝，码在盘子里。

2. 在面粉中加入70~80℃的热水烫匀，和成面团下剂，擀成圆饼，一面刷上植物油，有油的一面撂在一块；平底锅烧热，放入面饼，烙3~5分钟，迅速起锅，然后趁热一个一个揭开。

3. 炒锅烧热倒入植物油，放入肉丝煸一下，铲出锅，锅里加入葱花、姜末，放入土豆丝，加入一点酱油，然后放味精、精盐、胡椒粉翻炒均匀，加入火腿丝、肉丝、韭菜段，淋入一点香油炒匀，即成三丝卷饼的馅料。

4. 将烙好的面饼摊开，放入馅料，卷成卷即可食用。

手撕饼

 使用食材

 烹饪步骤

面粉500克
黄油300克
精盐3克

1. 将面粉用沸水烫熟，再用冷水反复揉揉至面团光滑。

2. 将面团用擀面杖擀成长方形薄片，再抹上黄油，撒上精盐，然后由外向里卷起成长条状，再从右向左盘成圆饼状，最后用擀面杖将盘好的面饼擀薄。

3. 不粘锅上火，放入黄油，将薄饼用擀面杖挑起放入锅中，用中火煎至两面呈金黄色，外壳发硬时取出，然后用双手握住圆饼，向中间挤压，再片片撕开，装盘即可。

熏肉大饼

 使用食材

中筋面粉1000克
熏肉600克
熟油酥300克
葱丝250克
精盐1小匙
味精1小匙
甜面酱3大匙
白糖少许
植物油100克

烹饪步骤

1. 将熏肉剔去边角和杂肉，切成薄片，码在盘内；将甜面酱放入碗内，加白糖调匀，上屉蒸5分钟，取出凉凉。

2. 将中筋面粉放入盆内，加精盐、味精调匀，再慢慢倒入适量温水，调拌成面团，然后加入植物油搓揉均匀，用湿布盖紧，饧40分钟。

3. 将饧好的面团每400克下一个面剂，擀成长方形薄片，抹上熟油酥，叠3层，由一端卷起，再擀成圆形饼。

4. 平锅加少许油烧至六成热，放入面饼烙至黄亮熟透，取出切成两半，中间加入熏肉片、葱丝，刷上甜面酱即成。

蛋酱饼

 使用食材

 烹饪步骤

面粉500克
韭菜250克
虾皮40克
碎海米30克
鸡蛋4个
姜末10克
精盐、胡椒粉
各少许
甜面酱3大匙
香油4大匙

1. 面粉放入盆中，加适量温水揉成面团，稍饧；把鸡蛋磕入碗中，打成鸡蛋液。

2. 将韭菜洗净，沥干，切成细碎，加入虾皮、甜面酱、碎海米、姜末、胡椒粉、鸡蛋液、精盐、香油拌匀成馅料。

3. 将饧好的面团下成剂子，擀成直径约33厘米的薄饼，再将馅料排放在饼的半边，另一半回折盖紧成半圆状，放在锅中烙熟即成。

麻仁油酥饼

🥒 使用食材

🍲 烹饪步骤

水油面400克
油酥面250克
白芝麻100克
精盐2大匙
花椒粉少许
香油4大匙

1. 将香油烧热，加入精盐、花椒粉调匀成椒盐。

2. 将水油面、油酥面各分成20个剂子，再将水油面按扁，包入油酥面，擀成长方形薄皮。

3. 将面皮由上至下卷成筒状，反复擀薄，再抹上椒盐、香油，团成圆球形。

4. 将面球逐个擀成小圆饼，刷上少许清水，撒上白芝麻，再摆入烤盘。

5. 将烤盘放入烤箱中，用中火烘烤至饼呈金黄色即可。

豆面糕

 使用食材

 烹饪步骤

黏黄米粉、
豆沙馅各500克
黄豆100克
白芝麻、冰糖
渣各25克
青梅10克
糖桂花5克
白糖150克

1. 将黏黄米粉加水和成面团，放入蒸锅内蒸熟，取出后放入容器内，浇入沸水100克，用木棍搅匀；黄豆洗净，入锅炒至棕黄，碾末后过滤留粉。

2. 将白芝麻入锅焙至金黄色，擀压成碎末；将青梅洗净，切成碎末，与白糖、冰糖渣、糖桂花拌匀成糖料。

3. 将黄豆面撒在案板上，取熟黄米面团放在上面揉匀，擀成大片，抹上豆沙馅摊平，卷成卷，再切成段，抹上糖料即成。

枣泥山药糕

 使用食材

糯米粉500克
红枣300克
山药150克
澄面100克
白糖200克
熟猪油150克

烹饪步骤

1. 取红枣200克洗净，入锅煮至熟烂，过筛去枣皮；把山药去皮、洗净，放入淡盐水中浸泡10分钟，捞出放入沸水锅中煮至熟透，取出沥水，压成泥。

2. 把糯米粉、澄面分别过细箩，放入盆内，加入白糖、熟猪油拌匀，倒入少许沸水调拌均匀成糯米粉团，盖上湿布，稍饧10分钟，加入山药泥揉匀。

3. 取一半糯米粉团铺在盘内，另一半糯米粉团与枣泥揉匀，铺在上面；剩余的红枣去核、切半，按顺序摆上成枣泥山药糕生坯。

4. 蒸锅加入清水烧沸，放入枣泥山药糕生坯蒸20分钟至熟，取出凉凉，切成菱形小块即可。

香气四溢的酥皮派、雅致的水果挞、丰盛的乳蛋饼……
这些诱人的西式美味，
让你家的餐桌从此缤纷热闹起来。

第七章

西式糕点

豆沙面包

 使用食材

高筋面粉1000克
豆沙馅适量
鸡蛋2个
酵母10克
面包改良剂10克
牛奶1袋
绵白糖50克
黄油100克

烹饪步骤

1. 将所有食材（除豆沙馅外）倒入和面机中，加入适量水搅拌至面团起筋光滑，取出面团放在28℃的环境中饧发。

2. 将面团分割，下成剂子，擀成长方形，抹上豆沙馅，卷成长条状，用刀从中间割开，卷成花形，放入纸杯中。

3. 饧发后放入烤箱中，以上火200℃，下火180℃烘烤30分钟即可。

TIPS

发酵是制作面包中非常重要的环节，需要控制得恰到好处。发酵不足，面包体积偏小，质地粗糙，风味不足；发酵过度，面团会产生酸味影响口感。

豆沙芝麻面包

 使用食材

高筋面粉200克
鸡蛋液150克
豆沙馅50克
低筋面粉20克
白芝麻15克
面包改良剂、酵
母粉各2克
精盐少许
白糖100克

烹饪步骤

1. 把高筋面粉、低筋面粉、面包改良剂、酵母粉、白糖、精盐、鸡蛋液和少许清水调拌均匀，揉搓成光滑的面团，置温暖处发酵20分钟。

2. 将豆沙馅搓成长条，揪成每个约10克的馅剂；将发酵面团放在案板上揉搓均匀，挤出内部气泡，再搓成长条，揪成小面剂。

3. 将小面剂放在案板上擀成大片，包入豆沙馅，揉搓成圆球状，然后在表面剞上花刀，饧发30分钟成面包生坯。

4. 将面包生坯刷上少许鸡蛋液，蘸匀白芝麻，摆入烤盘中，放入预热至190℃的烤箱中烘烤15分钟，待色泽呈黄亮时取出即可。

姜味饼干

 烹饪步骤

中筋面粉150克
玉桂粉2克
苏打粉3克
姜糖碎20克
白糖100克
鸡蛋50克
黄油50克
黑巧克力液50克

1. 将黄油和白糖混合搅拌约5分钟，再加入鸡蛋混合均匀，制成蛋液。

2. 将面粉加玉桂粉、苏打粉搅拌均匀和蛋液混合，再加入姜糖碎搅拌均匀，制成面团，注意不可以长时间搅拌以避免粉料上劲。

3. 将面团在烤盘上搓成字母O形，放入烤箱，用180℃的炉温烘烤12分钟。

4. 取出后将饼干的一半蘸上黑巧克力液即成。

果味蛋糕

使用食材

鲜奶油250克
低筋面粉200克
白糖50克
淀粉40克
蜂蜜35克
植物油30克
三花淡奶、光
亮剂各25克
精盐2克
各种水果适量
樱桃少许

烹饪步骤

1. 将低筋面粉、淀粉放入搅拌器内拌匀，再慢慢加入白糖、精盐、蜂蜜、三花淡奶、植物油，用慢速搅打2分钟，然后用高速搅拌5分钟成蛋糕面糊。

2. 将蛋糕面糊放入圆形烤盘内，再放入烤箱内，用中温烤约30分钟至熟，取出凉凉，平片成两半。

3. 在一片蛋糕表面涂抹上少许鲜奶油，再盖上另一半蛋糕，然后在蛋糕四周涂抹上剩余的鲜奶油；将光亮剂涂抹在蛋糕表面；再把洗净的各种水果和樱桃摆在上面点缀即成。

核桃派

 使用食材

核桃仁250克
蛋黄3个
白糖30克
糖浆100克
黄油20克
生甜派底2片
甜面条适量

烹饪步骤

1. 将核桃仁放入烤箱内，用160℃烘烤约8分钟至微黄熟透，取出凉凉，切碎备用；不锈钢盆内放入蛋黄、白糖，搅拌均匀至白糖溶化。

2. 另取不锈钢平底锅，放入黄油、糖浆，搅拌均匀，用电磁炉加热溶化；将溶化的糖浆与蛋黄液搅拌均匀，再加入核桃碎拌匀成馅料，然后将馅料分别放入生甜派底内待用。

3. 馅料表面压上甜面条，再刷上一层蛋液，放入预热的烤箱内，用170℃烘烤约25分钟至表面呈金黄色即成。

黑樱桃派

使用食材

黑樱桃（罐头）
200克
淡奶油400克
白糖350克
鸡蛋3个
生甜派底3片

烹饪步骤

1. 将黑樱桃洗净，沥干水分备用。

2. 在不锈钢盆内放入鸡蛋、淡奶油和白糖，搅拌均匀成蛋液。

3. 将蛋液用细筛子过滤至净盆内，然后倒入生甜派底中至八分满，再放入准备好的黑樱桃。

4. 放入预热的烤箱内，用150℃烘烤约40分钟至表面凝固即可。

黑芝麻蛋糕

使用食材

鸡蛋400克
白糖100克
黄油100克
巧克力液100克
可可粉100克
泡打粉10克
低筋面粉200克
黑芝麻粉150克

烹饪步骤

1. 在不锈钢锅中加入鸡蛋、白糖，用搅拌器搅打均匀；将黄油、巧克力液放入净容器内，搅打至溶化；将搅拌好的巧克力液加入鸡蛋液中搅拌均匀。

2. 加入过筛后的低筋面粉、可可粉、泡打粉和黑芝麻粉，继续搅拌均匀成蛋糕糊。

3. 将蛋糕糊灌入模具中至七分满。

4. 放入预热的烤箱内，用180℃烘烤20分钟，取出冷却后即可。

红豆蛋糕卷

 使用食材

🍲 烹饪步骤

鸡蛋250克

低筋面粉150克

白糖125克

红豆25克

植物油15克

泡打粉、塔塔
粉各5克

精盐1克

1. 将红豆放入清水中浸泡至软；鸡蛋磕入容器内搅拌均匀，再加入白糖、精盐、泡打粉拌匀成蛋液备用。

2. 将过筛后的低筋面粉、塔塔粉倒入蛋液中，调制成较浓稠的糊状，再放入浸泡好的红豆调匀成蛋糕糊待用。

3. 将烤盘内涂抹上植物油，再倒入调制好的蛋糕糊抹平（厚约0.5厘米），然后放入预热200℃的烤炉内烘烤约15分钟，至色泽呈金黄时取出凉凉，卷成蛋糕卷，再切成块即可。

红糖果仁派

 使用食材

 烹饪步骤

什锦坚果200克
低筋面粉100克
蛋黄3个
红糖30克
糖浆100克
黄油20克
生甜派底10片

1. 将什锦坚果（榛子仁、腰果和核桃仁）放入容器内，用160℃烘烤10分钟至上色，取出备用；不锈钢盆内放入蛋黄和红糖，搅打均匀成蛋黄液。

2. 另取不锈钢盆，放入黄油和糖浆，搅拌均匀后加热溶化，加入蛋黄液中搅拌均匀，然后加入什锦坚果、低筋面粉拌匀成蛋黄糊。

3. 将蛋黄糊倒入生甜派底内，放入预热的烤箱内，用170℃烘烤约25分钟至表面呈金黄色即可。

红枣蛋糕

使用食材

黄油400克
白糖250克
枣泥300克
鸡蛋7个
低筋面粉450克
泡打粉10克
可可粉50克

烹饪步骤

1. 在不锈钢锅中加入黄油、白糖，搅拌均匀，再慢慢地边搅拌边加入鸡蛋。

2. 再将低筋面粉、可可粉和泡打粉过筛，搅拌均匀，然后加入枣泥调拌均匀，后倒入模具中至七分满。

3. 放入预热的烤箱内，用180℃烘烤25分钟，取出冷却后即可。

花生派

 使用食材

去皮花生仁200克
低筋面粉100克
蛋黄3个
白糖30克
糖浆100克
黄油20克
生甜派底5片

烹饪步骤

1. 将去皮花生仁放入容器内，再放入微波炉内，用160℃烘烤约10分钟至上色熟透；不锈钢盆内放入蛋黄和白糖，搅匀至白糖溶化。

2. 将黄油和糖浆用电磁炉加热溶化搅匀待用。

3. 将溶化后的黄油糖浆倒入蛋黄液中，再搅拌均匀，然后加入熟花生仁略拌，加入低筋面粉拌匀，做成花生馅料。

4. 生甜派底内放入花生馅料，再放入预热的烤箱内，用170℃烘烤约25分钟至表面金黄色即可。

火腿面包

 使用食材

烹饪步骤

高筋面粉1000克
火腿适量
鸡蛋2个
酵母15克
面包改良剂10克
绵白糖50克
牛奶1袋
黄油100克

1. 在和面机中加入清水，倒入高筋面粉，再加入绵白糖，然后加入面包改良剂、酵母，再加入鸡蛋、牛奶、黄油，搅拌均匀成面团。

2. 将面团在28℃的环境中发酵。

3. 发好的面团分割成约15克的剂子，揉搓成长条，卷入火腿，放入烤盘中饧发至一倍大，再放入烤箱中烘烤。

黄油蛋糕

 使用食材

低筋面粉、黄油
各150克
鸡蛋液、白糖
各150克
鲜牛奶25克
泡打粉7克
蛋糕乳化剂5克

烹饪步骤

1. 将鸡蛋液、白糖、鲜牛奶放入盆内，搅拌至白糖溶化，再慢慢加入低筋面粉、泡打粉和蛋糕乳化剂搅拌均匀，制成蛋糕生坯备用。

2. 将黄油放入烤箱内烤至溶化，取出后倒入盛有蛋糕生坯的盆内，先用搅拌器慢速搅打1分钟，再快速搅拌5分钟至涨发。

3. 将调好的蛋糕坯料放入烤模内，入烤箱内用中温烤约25分钟至熟，取出凉凉即可。

金橘饼干

 使用食材

中筋面粉200克

金橘干碎100克

苏打粉5克

鸡蛋20克

白糖150克

精盐1克

黄油125克

香草油2克

烹饪步骤

1. 将黄油和白糖混合搅拌约5分钟，再加入精盐、鸡蛋、香草油混合均匀，然后加入苏打粉、面粉搅拌均匀成面料，注意不可以长时间搅拌以避免粉料上劲。

2. 面料中加入金橘干碎搅拌均匀，取出擀成0.5厘米厚的面片。

3. 用心形的模具，做成心形的小面片，整齐地摆放在烤盘上，放入烤箱，用180℃的炉温烘烤12分钟即成。

人因梦想而伟大，
因学习而改变，
因行动而成功！
阅读是一种修养，
分享是一种美德。

IC 吉林科学技术出版社